Ab 7. Schuljahr

Hans-J. Schmidt

# Gleichungen lösen Step by Step



Lineare Gleichungen schrittweise lösen, umstellen und umformen

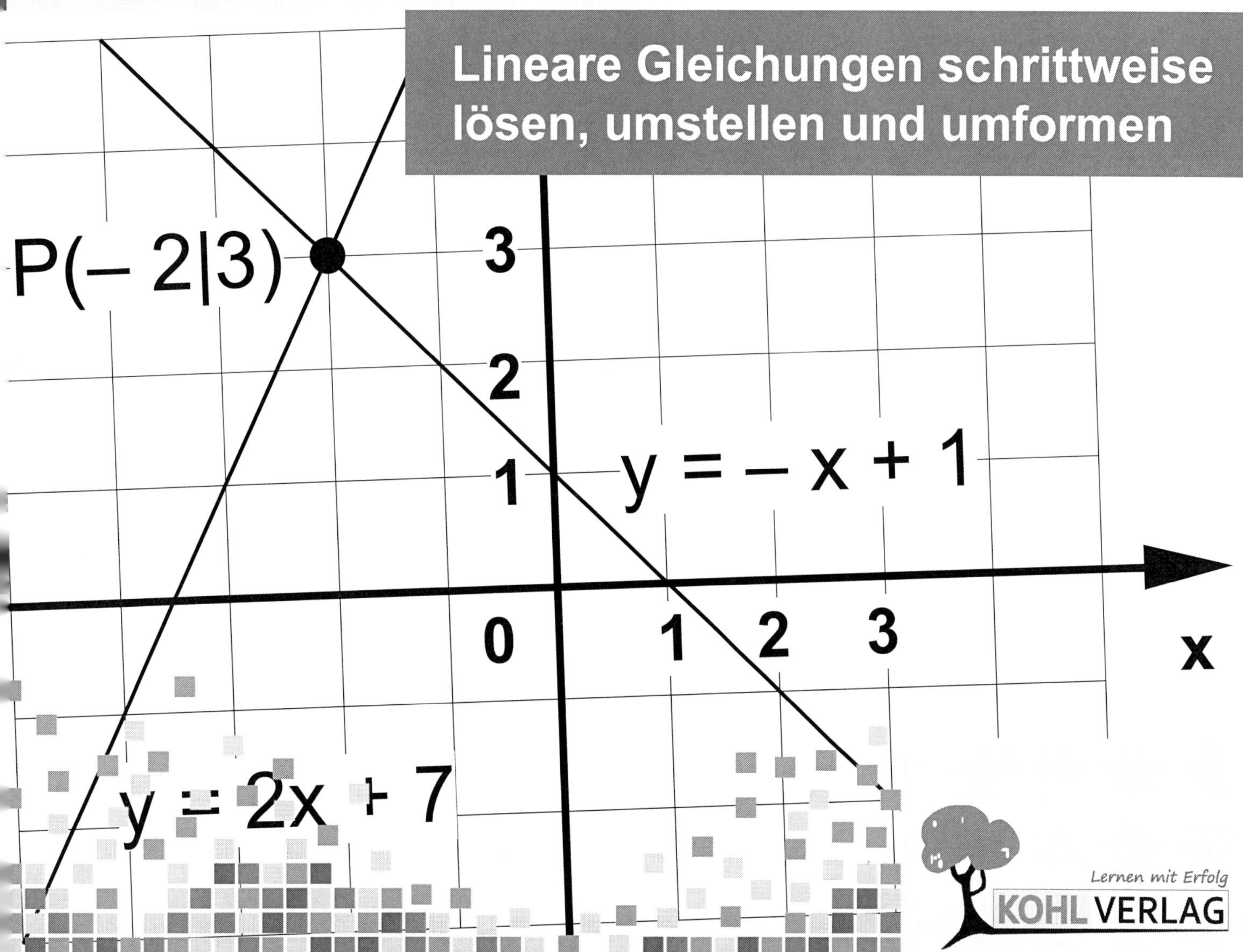


Lernen mit Erfolg
KOHL VERLAG
www.kohlverlag.de

# Gleichungen lösen – Step by Step

4. Auflage 2023



Inhalt: Hans J. Schmidt
Umschlagbild: © Albachiaraa - fotolia.com
Cliparts: © clipart.com
Redaktion: Kohl-Verlag
Grafik & Satz: Kohl-Verlag
Druck: farbo prepress GmbH, Köln

**Bestell-Nr. 12 007**

**ISBN: 978-3-96040-157-5**

## Der vorliegende Band ist eine Print-Einzellizenz

Sie wollen unsere Kopiervorlagen auch digital nutzen? Kein Problem – fast das gesamte KOHL-Sortiment ist auch sofort als PDF-Download erhältlich! Wir haben verschiedene Lizenzmodelle zur Auswahl:

| | Print-Version | PDF-Einzellizenz | PDF-Schullizenz | Kombipaket Print & PDF-Einzellizenz | Kombipaket Print & PDF-Schullizenz |
|---|---|---|---|---|---|
| Unbefristete Nutzung der Materialien | x | x | x | x | x |
| Vervielfältigung, Weitergabe und Einsatz der Materialien im eigenen Unterricht | x | x | x | x | x |
| Nutzung der Materialien durch alle Lehrkräfte des Kollegiums an der lizensierten Schule | | | x | | x |
| Einstellen des Materials im Intranet oder Schulserver der Institution | | | x | | x |

Die erweiterten Lizenzmodelle zu diesem Titel sind jederzeit im Online-Shop unter www.kohlverlag.de erhältlich.

# Dog Matix: Gleichungen lösen - Step by Step

## Vorbemerkungen

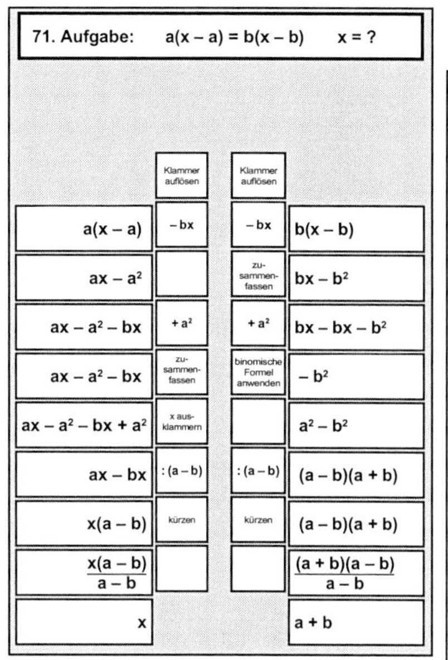


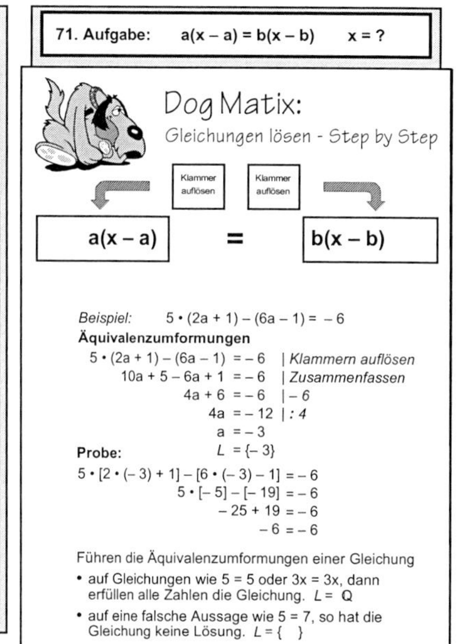


Das algebraische Lösen linearer Gleichungen und das Nutzen der Probe als Rechenkontrolle gehören zu den Kompetenzerwartungen am Ende der Jahrgangsstufe 8.
Allerdings tun sich viele Schüler und Schülerinnen sehr schwer mit dem Lösen linearer Gleichungen.
Ganz schlimm wird es, wenn Gleichungen mit Formvariablen gelöst werden sollen oder Formeln umgestellt werden müssen.
Hier muss verstärkt attraktives Material bereitgestellt werden, das schwachen Schülern und Schülerinnen die Möglichkeit bietet, sich dieses Stoffgebiet in eigenverantwortlichem Lernen anzueignen. Die vorgestellten 100 Karten bieten diese Möglichkeit.
Die Karten sind so gestaltet, dass die Gleichungen der Lösung zugeführt werden, indem die einzelnen Karten Schritt für Schritt nach oben gezogen werden.
Der Schüler/die Schülerin erfährt nach jedem Schritt, wie er/sie weiter verfahren soll.
Auf diese Art und Weise erhält man schnell die notwendige Sicherheit für das Lösen von Gleichungen.
Zwar ist das Basteln der Behälter bzw. das Ausschneiden der Aufgabenkarten aufwändig, aber von Schülern durchaus leistbar.
Einmal erstellt, können diese Aufgabenkarten einen guten Beitrag zur individuellen Förderung leisten.

Viel Erfolg beim Einsatz der Materialien wünschen Ihnen

der Kohl-Verlag und Hans J. Schmidt

## Inhaltsverzeichnis

## Dog Matix:

Gleichungen lösen - Step by Step

aus-schneiden | aus-schneiden

ausschneiden = ausschneiden

Werden zwei Terme durch ein Gleichheitszeichen verbunden, so entsteht eine Gleichung.
Gleichungen werden durch **Äquivalenzumformungen** gelöst.
Äquivalenzumformungen von Gleichungen sind

- Termumformungen auf der linken und/oder rechten Seite einer Gleichung;
- Addition oder Subtraktion desselben Terms auf *beiden* Seiten der Gleichung;
- Multiplikation mit oder Division durch denselben Term (ungleich null) auf *beiden* Seiten der Gleichung.

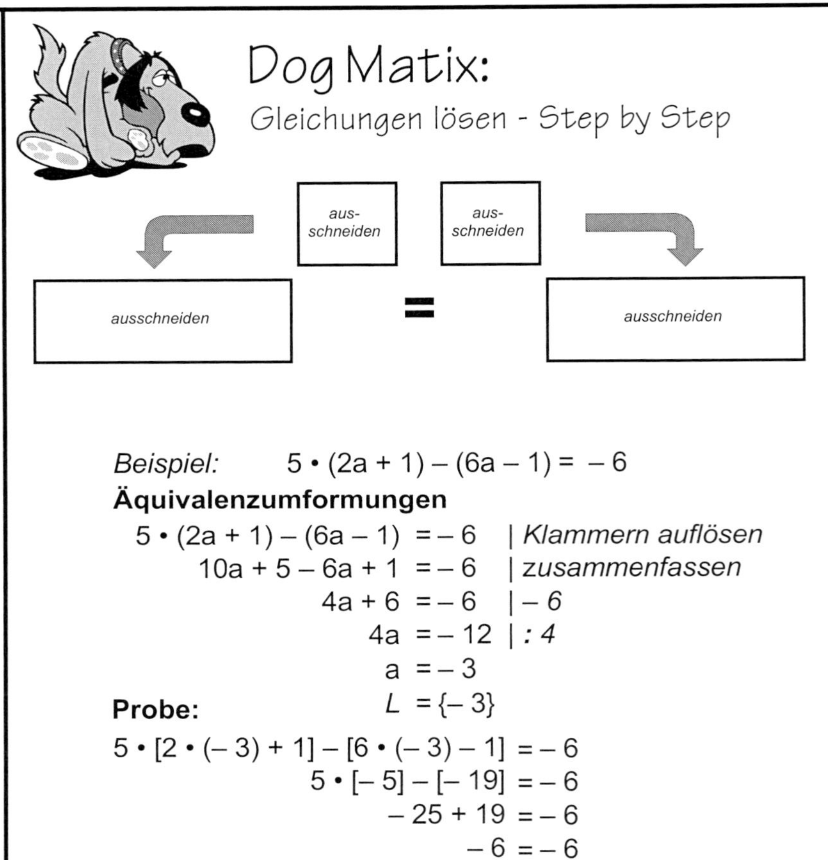


*Beispiel:* $5 \cdot (2a + 1) - (6a - 1) = -6$

**Äquivalenzumformungen**

$$5 \cdot (2a + 1) - (6a - 1) = -6 \quad | \textit{ Klammern auflösen}$$
$$10a + 5 - 6a + 1 = -6 \quad | \textit{ zusammenfassen}$$
$$4a + 6 = -6 \quad | -6$$
$$4a = -12 \quad | :4$$
$$a = -3$$
$$L = \{-3\}$$

**Probe:**

$$5 \cdot [2 \cdot (-3) + 1] - [6 \cdot (-3) - 1] = -6$$
$$5 \cdot [-5] - [-19] = -6$$
$$-25 + 19 = -6$$
$$-6 = -6$$

Führen die Äquivalenzumformungen einer Gleichung

- auf Gleichungen wie 5 = 5 oder 3x = 3x, dann erfüllen alle Zahlen die Gleichung. $L = \mathbb{Q}$
- auf eine falsche Aussage wie 5 = 7, so hat die Gleichung keine Lösung. $L = \{\ \}$

# Dog Matix: Gleichungen lösen - Step by Step

**Aufgabenbehälter für eine Aufgabenkarte**
*ausschneiden und zusammenkleben*
*(Auf das Zusammenkleben kann verzichtet werden, wenn man die Vorlage laminiert)*

## Dog Matix:
Gleichungen lösen - Step by Step

aus-schneiden | aus-schneiden

ausschneiden = ausschneiden

Werden zwei Terme durch ein Gleichheitszeichen verbunden, so entsteht eine Gleichung. Gleichungen werden durch **Äquivalenzumformungen** gelöst.
Äquivalenzumformungen von Gleichungen sind

- Termumformungen auf der linken und/oder rechten Seite einer Gleichung;
- Addition oder Subtraktion desselben Terms auf *beiden* Seiten der Gleichung;
- Multiplikation mit oder Division durch denselben Term (ungleich null) auf *beiden* Seiten der Gleichung.

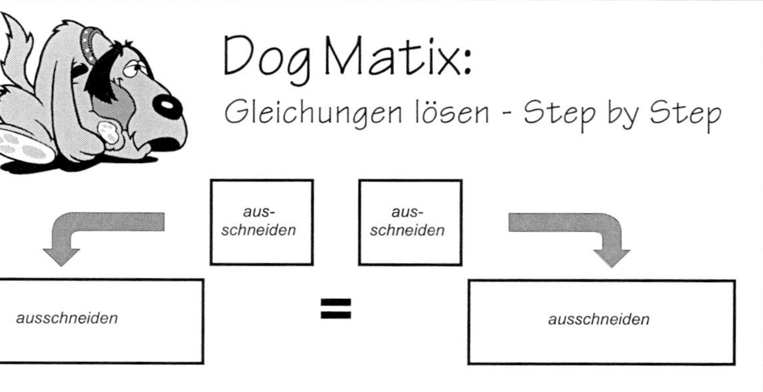


*Beispiel:* $5 \cdot (2a + 1) - (6a - 1) = -6$

**Äquivalenzumformungen**

$$\begin{aligned} 5 \cdot (2a + 1) - (6a - 1) &= -6 &&\mid \textit{Klammern auflösen} \\ 10a + 5 - 6a + 1 &= -6 &&\mid \textit{zusammenfassen} \\ 4a + 6 &= -6 &&\mid -6 \\ 4a &= -12 &&\mid :4 \\ a &= -3 \\ L &= \{-3\} \end{aligned}$$

**Probe:**

$$\begin{aligned} 5 \cdot [2 \cdot (-3) + 1] - [6 \cdot (-3) - 1] &= -6 \\ 5 \cdot [-5] - [-19] &= -6 \\ -25 + 19 &= -6 \\ -6 &= -6 \end{aligned}$$

Führen die Äquivalenzumformungen einer Gleichung

- auf Gleichungen wie $5 = 5$ oder $3x = 3x$, dann erfüllen alle Zahlen die Gleichung. $L = \mathbb{Q}$
- auf eine falsche Aussage wie $5 = 7$, so hat die Gleichung keine Lösung. $L = \{\ \}$

## Aufgabenkarten

*ausschneiden, knicken, zusammenkleben, in den Aufgabenbehälter geben und schrittweise nach oben ziehen*

**1. Aufgabe: 2x = 64**

Dog Matix: Gleichungen lösen - Step by Step

| | | | |
|---|---|---|---|
| | : 2 | : 2 | |
| 2x | kürzen | aus-rechnen | 64 |
| 2x : 2 | | | 64 : 2 |
| x | Probe: x = 32 einsetzen | | 32 |
| *L* | aus-rechnen | | *{32}* |
| 2 • 32 | | | 64 |
| 64 | | | 64 |

**2. Aufgabe: 0,25x = 12**

Dog Matix: Gleichungen lösen - Step by Step

| | | | |
|---|---|---|---|
| | : 0,25 | : 0,25 | |
| 0,25x | kürzen | aus-rechnen | 12 |
| 0,25x : 0,25 | | | 12 : 0,25 |
| x | Probe: x =48 einsetzen | | 48 |
| *L* | aus-rechnen | | *{48}* |
| 0,25 • 48 | | | 12 |
| 12 | | | 12 |

## Aufgabenkarten

*ausschneiden, knicken, zusammenkleben, in den Aufgabenbehälter geben und schrittweise nach oben ziehen*

### 3. Aufgabe: $\frac{1}{4}x = 5$

Dog Matix: Gleichungen lösen - Step by Step

| | ·4 | ·4 | |
|---|---|---|---|
| $\frac{1}{4}x$ | kürzen | aus-rechnen | 5 |
| $\frac{1}{4}x \cdot 4$ | | | $5 \cdot 4$ |
| x | Probe: x = 20 einsetzen | | 20 |
| *L* | aus-rechnen | | {20} |
| $\frac{1}{4} \cdot 20$ | | | 5 |
| 5 | | | 5 |

### 4. Aufgabe: $\frac{1}{3}x = 24$

Dog Matix: Gleichungen lösen - Step by Step

| | ·3 | ·3 | |
|---|---|---|---|
| $\frac{1}{3}x$ | kürzen | aus-rechnen | 24 |
| $\frac{1}{3}x \cdot 3$ | | | $24 \cdot 3$ |
| x | Probe: x = 72 einsetzen | | 72 |
| *L* | aus-rechnen | | {72} |
| $\frac{1}{3} \cdot 72$ | | | 24 |
| 24 | | | 24 |

## Aufgabenkarten

*ausschneiden, knicken, zusammenkleben, in den Aufgabenbehälter geben und schrittweise nach oben ziehen*

**5. Aufgabe:** $2x + 3 = 17$

Dog Matix: Gleichungen lösen - Step by Step

| Linke Seite | | | Rechte Seite |
|---|---|---|---|
| | – 3 | – 3 | |
| 2x + 3 | zusammenfassen | ausrechnen | 17 |
| 2x + 3 – 3 | : 2 | : 2 | 17 – 3 |
| 2x | kürzen | ausrechnen | 14 |
| 2x : 2 | | | 14 : 2 |
| x | Probe: x = 7 einsetzen | | 7 |
| *L* | ausrechnen | | {7} |
| 2 • 7 + 3 | | | 17 |
| 17 | | | 17 |

**6. Aufgabe:** $12 - 3x = 24$

Dog Matix: Gleichungen lösen - Step by Step

| Linke Seite | | | Rechte Seite |
|---|---|---|---|
| | – 12 | – 12 | |
| 12 – 3x | zusammenfassen | ausrechnen | 24 |
| 12 – 12 – 3x | : (– 3) | : (– 3) | 24 – 12 |
| – 3x | kürzen | ausrechnen | 12 |
| – 3x : (– 3) | | | 12 : (– 3) |
| x | Probe: x = – 4 einsetzen | | – 4 |
| *L* | ausrechnen | | {– 4} |
| 12 – 3 • (– 4) | | | 24 |
| 24 | | | 24 |

## Aufgabenkarten

*ausschneiden, knicken, zusammenkleben, in den Aufgabenbehälter geben und schrittweise nach oben ziehen*

**7. Aufgabe: 17x – 5 = 46**

Dog Matix: Gleichungen lösen - Step by Step

| | + 5 | + 5 | |
|---|---|---|---|
| 17x – 5 | zu-sammen-fassen | aus-rechnen | 46 |
| 17x – 5 + 5 | : 17 | : 17 | 46 + 5 |
| 17x | kürzen | aus-rechnen | 51 |
| 17x : 17 | | | 51 : 17 |
| x | Probe: x = 3 einsetzen | | 3 |
| *L* | aus-rechnen | | {3} |
| 17 • 3 – 5 | | | 46 |
| 46 | | | 46 |

**8. Aufgabe: 2x + 15 = – 3**

Dog Matix: Gleichungen lösen - Step by Step

| | – 15 | – 15 | |
|---|---|---|---|
| 2x + 15 | zu-sammen-fassen | aus-rechnen | – 3 |
| 2x + 15 – 15 | : 2 | : 2 | – 3 – 15 |
| 2x | kürzen | aus-rechnen | – 18 |
| 2x : 2 | | | (– 18) : 2 |
| x | Probe: x = – 9 einsetzen | | – 9 |
| *L* | aus-rechnen | | {– 9} |
| 2 • (– 9) + 15 | | | – 3 |
| – 3 | | | – 3 |

## Aufgabenkarten

*ausschneiden, knicken, zusammenkleben, in den Aufgabenbehälter geben und schrittweise nach oben ziehen*

**9. Aufgabe:** $5x + 9 = 8x + 3$

Dog Matix: Gleichungen lösen - Step by Step

| Linke Seite | Schritt | Schritt | Rechte Seite |
|---|---|---|---|
| | – 5x | – 5x | |
| 5x + 9 | zu-sammen-fassen | zu-sammen-fassen | 8x + 3 |
| 5x – 5x + 9 | – 3 | – 3 | 8x – 5x + 3 |
| 9 | aus-rechnen | zu-sammen-fassen | 3x + 3 |
| 9 – 3 | : 3 | : 3 | 3x + 3 – 3 |
| 6 | aus-rechnen | kürzen | 3x |
| 6 : 3 | | | 3x : 3 |
| 2 | | | x |
| *L* | | | {2} |

**10. Aufgabe:** $3x + 19 = 5x – 5$

Dog Matix: Gleichungen lösen - Step by Step

| Linke Seite | Schritt | Schritt | Rechte Seite |
|---|---|---|---|
| | – 3x | – 3x | |
| 3x + 19 | zu-sammen-fassen | zu-sammen-fassen | 5x – 5 |
| 3x – 3x + 19 | + 5 | + 5 | 5x – 3x – 5 |
| 19 | aus-rechnen | zu-sammen-fassen | 2x – 5 |
| 19 + 5 | : 2 | : 2 | 2x – 5 + 5 |
| 24 | aus-rechnen | kürzen | 2x |
| 24 : 2 | | | 2x : 2 |
| 12 | | | x |
| *L* | | | {12} |

**Aufgabenkarten**

*ausschneiden, knicken, zusammenkleben, in den Aufgabenbehälter geben und schrittweise nach oben ziehen*

**11. Aufgabe:** $4x - 5 = 2x + 3$

Dog Matix: Gleichungen lösen - Step by Step

| Links | Schritt | Schritt | Rechts |
|---|---|---|---|
| | + 5 | + 5 | |
| 4x – 5 | zusammenfassen | zusammenfassen | 2x + 3 |
| 4x – 5 + 5 | – 2x | – 2x | 2x + 3 + 5 |
| 4x | zusammenfassen | zusammenfassen | 2x + 8 |
| 4x – 2x | : 2 | : 2 | 2x – 2x + 8 |
| 2x | kürzen | ausrechnen | 8 |
| 2x : 2 | | | 8 : 2 |
| x | | | 4 |
| *L* | | | {4} |

**12. Aufgabe:** $7x + 4 = 3x - 4$

Dog Matix: Gleichungen lösen - Step by Step

| Links | Schritt | Schritt | Rechts |
|---|---|---|---|
| | – 4 | – 4 | |
| 7x + 4 | zusammenfassen | zusammenfassen | 3x – 4 |
| 7x + 4 – 4 | – 3x | – 3x | 3x – 4 – 4 |
| 7x | zusammenfassen | zusammenfassen | 3x – 8 |
| 7x – 3x | : 4 | : 4 | 3x – 3x – 8 |
| 4x | kürzen | ausrechnen | – 8 |
| 4x : 4 | | | (– 8) : 4 |
| x | | | – 2 |
| *L* | | | {– 2} |

**Aufgabenkarten**

*ausschneiden, knicken, zusammenkleben, in den Aufgabenbehälter geben und schrittweise nach oben ziehen*

**13. Aufgabe: x + 5 = 30**

Dog Matix:
Gleichungen lösen - Step by Step

| | – 5 | – 5 | |
|---|---|---|---|
| x + 5 | zu-sammen-fassen | zu-sammen-fassen | 30 |
| x + 5 – 5 | | | 30 – 5 |
| x | Probe: x = 25 einsetzen | | 25 |
| *L* | aus-rechnen | | {25} |
| 25 + 5 | | | 30 |
| 30 | | | 30 |

**14. Aufgabe: 0,4x + 15 = 23**

Dog Matix:
Gleichungen lösen - Step by Step

| | – 15 | – 15 | |
|---|---|---|---|
| 0,4x + 15 | zu-sammen-fassen | aus-rechnen | 23 |
| 0,4x + 15 – 15 | : 0,4 | : 0,4 | 23 – 15 |
| 0,4x | kürzen | aus-rechnen | 8 |
| 0,4x : 0,4 | | | 8 : 0,4 |
| x | Probe: x = 20 einsetzen | | 20 |
| *L* | aus-rechnen | | {20} |
| 0,4 • 20 + 15 | | | 23 |
| 23 | | | 23 |

**Aufgabenkarten**

*ausschneiden, knicken, zusammenkleben, in den Aufgabenbehälter geben und schrittweise nach oben ziehen*

## 15. Aufgabe: 3x + 2 = 14

Dog Matix: Gleichungen lösen - Step by Step

| | | | |
|---|---|---|---|
| | – 2 | – 2 | |
| 3x + 2 | zu-sammen-fassen | aus-rechnen | 14 |
| 3x + 2 – 2 | : 3 | : 3 | 14 – 2 |
| 3x | kürzen | aus-rechnen | 12 |
| 3x : 3 | | | 12 : 3 |
| x | Probe: x = 4 einsetzen | | 4 |
| *L* | aus-rechnen | | {4} |
| 3 • 4 + 2 | | | 12 |
| 12 | | | 12 |

## 16. Aufgabe: 0,5x – 33 = 11

Dog Matix: Gleichungen lösen - Step by Step

| | | | |
|---|---|---|---|
| | + 33 | + 33 | |
| 0,5x – 33 | zu-sammen-fassen | aus-rechnen | 11 |
| 0,5x – 33 + 33 | : 0,5 | : 0,5 | 11 + 33 |
| 0,5x | kürzen | aus-rechnen | 44 |
| 0,5x : 0,5 | | | 44 : 0,5 |
| x | Probe: x = 88 einsetzen | | 88 |
| *L* | aus-rechnen | | {88} |
| 0,5 • 88 – 33 | | | 11 |
| 11 | | | 11 |

## Aufgabenkarten

*ausschneiden, knicken, zusammenkleben, in den Aufgabenbehälter geben und schrittweise nach oben ziehen*

**17. Aufgabe:** $3x = 42 - 4x$

Dog Matix: Gleichungen lösen - Step by Step

| | | | |
|---|---|---|---|
| | + 4x | + 4x | |
| 3x | zu-sammen-fassen | zu-sammen-fassen | 42 – 4x |
| 3x + 4x | : 7 | : 7 | 42 – 4x + 4x |
| 7x | kürzen | aus-rechnen | 42 |
| 7x : 7 | | | 42 : 7 |
| x | Probe: x = 6 einsetzen | Probe: x = 6 einsetzen | 6 |
| *L* | aus-rechnen | aus-rechnen | {6} |
| 3 • 6 | | | 42 – 4 • 6 |
| 18 | | | 18 |

**18. Aufgabe:** $9x = 5x + 44$

Dog Matix: Gleichungen lösen - Step by Step

| | | | |
|---|---|---|---|
| | – 5x | – 5x | |
| 9x | zu-sammen-fassen | zu-sammen-fassen | 5x + 44 |
| 9x – 5x | : 4 | : 4 | 5x – 5x + 44 |
| 4x | kürzen | aus-rechnen | 44 |
| 4x : 4 | | | 44 : 4 |
| x | Probe: x = 11 einsetzen | Probe: x = 11 einsetzen | 11 |
| *L* | aus-rechnen | aus-rechnen | {11} |
| 9 • 11 | | | 5 • 11 + 44 |
| 99 | | | 99 |

## Aufgabenkarten

*ausschneiden, knicken, zusammenkleben, in den Aufgabenbehälter geben und schrittweise nach oben ziehen*

### 19. Aufgabe: 13p – 35 = 9p – 26 – 2p

Dog Matix: Gleichungen lösen - Step by Step

| | | | |
|---|---|---|---|
| | | zu-sammen-fassen | |
| 13p – 35 | + 26 | + 26 | 9p – 26 – 2p |
| 13p – 35 | zu-sammen-fassen | zu-sammen-fassen | 7p – 26 |
| 13p – 35 + 26 | – 13p | – 13p | 7p – 26 + 26 |
| 13p – 9 | zu-sammen-fassen | zu-sammen-fassen | 7p |
| 13p – 13p – 9 | : (– 6) | : (– 6) | 7p – 13p |
| – 9 | aus-rechnen | kürzen | – 6p |
| (–9) : (–6) | | | – 6p : (– 6) |
| 1,5 | | | p |
| *L* | | | {1,5} |

### 20. Aufgabe: – 14 – (18a – 6) = 19

Dog Matix: Gleichungen lösen - Step by Step

| | | | |
|---|---|---|---|
| | Klammer auflösen | | |
| –14 – (18a – 6) | zu-sammen-fassen | | 19 |
| – 14 – 18a + 6 | + 8 | + 8 | 19 |
| – 18a – 8 | zu-sammen-fassen | aus-rechnen | 19 |
| – 18a – 8 + 8 | : (– 18) | : (– 18) | 19 + 8 |
| – 18a | kürzen | aus-rechnen | 27 |
| – 18a : (– 18) | | | 27 : (– 18) |
| a | | | – 1,5 |
| *L* | | | {– 1,5} |

## Aufgabenkarten

*ausschneiden, knicken, zusammenkleben, in den Aufgabenbehälter geben und schrittweise nach oben ziehen*

### 21. Aufgabe: $(7x + 5) - (4x - 3) = 2x + 10$

Dog Matix: Gleichungen lösen - Step by Step

| | | | |
|---|---|---|---|
| | Klammern auflösen | | |
| $(7x + 5) - (4x - 3)$ | zu-sammen-fassen | | $2x + 10$ |
| $7x + 5 - 4x + 3$ | $-8$ | $-8$ | $2x + 10$ |
| $3x + 8$ | zu-sammen-fassen | zu-sammen-fassen | $2x + 10$ |
| $3x + 8 - 8$ | $-2x$ | $-2x$ | $2x + 10 - 8$ |
| $3x$ | zu-sammen-fassen | zu-sammen-fassen | $2x + 2$ |
| $3x - 2x$ | | | $2x - 2x + 2$ |
| $x$ | | | $2$ |
| $L$ | | | $\{2\}$ |

### 22. Aufgabe: $3 \cdot (x + 3) = 4x + 4$

Dog Matix: Gleichungen lösen - Step by Step

| | | | |
|---|---|---|---|
| | Klammer auflösen | | |
| $3 \cdot (x + 3)$ | $-4$ | $-4$ | $4x + 4$ |
| $3x + 9$ | zu-sammen-fassen | zu-sammen-fassen | $4x + 4$ |
| $3x + 9 - 4$ | $-3x$ | $-3x$ | $4x + 4 - 4$ |
| $3x + 5$ | zu-sammen-fassen | zu-sammen-fassen | $4x$ |
| $3x - 3x + 5$ | | | $4x - 3x$ |
| $5$ | Probe: $x = 4$ einsetzen | Probe: $x = 4$ einsetzen | $x$ |
| $L$ | aus-rechnen | aus-rechnen | $\{5\}$ |
| $3 \cdot (5 + 3)$ | | | $4 \cdot 5 + 4$ |
| $24$ | | | $24$ |

## Aufgabenkarten

*ausschneiden, knicken, zusammenkleben, in den Aufgabenbehälter geben und schrittweise nach oben ziehen*

### 23. Aufgabe: $-2 \cdot (-5x + 7) = 16$

Dog Matix: Gleichungen lösen - Step by Step

| Linke Seite | | | Rechte Seite |
|---|---|---|---|
| | Klammer auflösen | | |
| $-2 \cdot (-5x + 7)$ | + 14 | + 14 | 16 |
| $10x - 14$ | zu-sammen-fassen | aus-rechnen | 16 |
| $10x - 14 + 14$ | : 10 | : 10 | $16 + 14$ |
| $10x$ | kürzen | aus-rechnen | 30 |
| $10x : 10$ | | | $30 : 10$ |
| $x$ | Probe: x = 3 einsetzen | | 3 |
| *L* | aus-rechnen | | {3} |
| $-2 \cdot [(-5) \cdot 3 + 7]$ | | | 16 |
| 16 | | | 16 |

### 24. Aufgabe: $2 \cdot (9 - x) = 10$

Dog Matix: Gleichungen lösen - Step by Step

| Linke Seite | | | Rechte Seite |
|---|---|---|---|
| | Klammer auflösen | | |
| $2 \cdot (9 - x)$ | − 18 | − 18 | 10 |
| $18 - 2x$ | zu-sammen-fassen | aus-rechnen | 10 |
| $18 - 18 - 2x$ | : (− 2) | : (− 2) | $10 - 18$ |
| $-2x$ | kürzen | aus-rechnen | $-8$ |
| $-2x : (-2)$ | | | $-8 : (-2)$ |
| $x$ | Probe: x = 4 einsetzen | | 4 |
| *L* | aus-rechnen | | {4} |
| $2 \cdot (9 - 4)$ | | | 10 |
| 10 | | | 10 |

## Aufgabenkarten

*ausschneiden, knicken, zusammenkleben, in den Aufgabenbehälter geben und schrittweise nach oben ziehen*

### 25. Aufgabe: 31 + 3x = 12x – 13 + 24x

Dog Matix: Gleichungen lösen - Step by Step

| Linke Seite | Schritt links | Schritt rechts | Rechte Seite |
|---|---|---|---|
| | | zusammenfassen | |
| 31 + 3x | + 13 | + 13 | 12x – 13 + 24x |
| 31 + 3x | zusammenfassen | zusammenfassen | 36x – 13 |
| 31 + 13 + 3x | – 3x | – 3x | 36x – 13 + 13 |
| 44 + 3x | zusammenfassen | zusammenfassen | 36x |
| 44 + 3x – 3x | : 33 | : 33 | 36x – 3x |
| 44 | ausrechnen | kürzen | 33x |
| 44 : 33 | | | 33x : 33 |
| $\frac{4}{3}$ | | | x |
| *L* | | | $\{\frac{4}{3}\}$ |

### 26. Aufgabe: 3 • (2x + 4) = (4 – 2x) • 6

Dog Matix: Gleichungen lösen - Step by Step

| Linke Seite | Schritt links | Schritt rechts | Rechte Seite |
|---|---|---|---|
| | Klammer auflösen | Klammer auflösen | |
| 3 • (2x + 4) | + 12x | + 12x | (4 – 2x) • 6 |
| 6x + 12 | zusammenfassen | zusammenfassen | 24 – 12x |
| 6x + 12x + 12 | – 12 | – 12 | 24 – 12x + 12x |
| 18x + 12 | zusammenfassen | ausrechnen | 24 |
| 18x + 12 – 12 | : 18 | : 18 | 24 – 12 |
| 18x | kürzen | ausrechnen | 12 |
| 18x : 18 | | | 12 : 18 |
| x | | | $\frac{2}{3}$ |
| *L* | | | $\{\frac{2}{3}\}$ |

## Aufgabenkarten

*ausschneiden, knicken, zusammenkleben, in den Aufgabenbehälter geben und schrittweise nach oben ziehen*

### 27. Aufgabe: $4(3x - 7) = 8$

Dog Matix: Gleichungen lösen - Step by Step

| Linke Seite | Schritt | Schritt | Rechte Seite |
|---|---|---|---|
| | Klammer auflösen | | |
| 4(3x – 7) | + 28 | + 28 | 8 |
| 12x – 28 | zusammenfassen | ausrechnen | 8 |
| 12x – 28 + 28 | : 12 | : 12 | 8 + 28 |
| 12x | kürzen | ausrechnen | 36 |
| 12x : 12 | | | 36 : 12 |
| x | Probe: x = 3 einsetzen | | 3 |
| L | ausrechnen | | {3} |
| 4(3 • 3 – 7) | | | 8 |
| 8 | | | 8 |

### 28. Aufgabe: $9(7x - 50) = 10x + 80$

Dog Matix: Gleichungen lösen - Step by Step

| Linke Seite | Schritt | Schritt | Rechte Seite |
|---|---|---|---|
| | Klammer auflösen | | |
| 9(7x – 50) | – 10x | – 10x | 10x + 80 |
| 63x – 450 | zusammenfassen | zusammenfassen | 10 x + 80 |
| 63x – 10x – 450 | + 450 | + 450 | 10x – 10x + 80 |
| 53x – 450 | zusammenfassen | ausrechnen | 80 |
| 53x – 450 + 450 | : 53 | : 53 | 80 + 450 |
| 53x | kürzen | ausrechnen | 530 |
| 53x : 53 | | | 530 : 53 |
| x | | | 10 |
| *L* | | | {10} |

## Aufgabenkarten

*ausschneiden, knicken, zusammenkleben, in den Aufgabenbehälter geben und schrittweise nach oben ziehen*

**29. Aufgabe: 20 – (36 + 4x) = 8 – (– x + 4)**

Dog Matix: Gleichungen lösen - Step by Step

| linke Seite | | | rechte Seite |
|---|---|---|---|
| | Klammer auflösen | Klammer auflösen | |
| 20 – (36 + 4x) | zu-sammen-fassen | zu-sammen-fassen | 8 – (– x + 4) |
| 20 – 36 – 4x | + 4x | + 4x | 8 + x – 4 |
| – 16 – 4x | zu-sammen-fassen | zu-sammen-fassen | 4 + x |
| – 16 – 4x + 4x | – 4 | – 4 | 4 + x + 4x |
| – 16 | aus-rechnen | zu-sammen-fassen | 4 + 5x |
| – 16 – 4 | : 5 | : 5 | 4 – 4 + 5x |
| – 20 | aus-rechnen | kürzen | 5x |
| (– 20) : 5 | | | 5x : 5 |
| – 4<br>*L* | | | x<br>{– 4} |

**30. Aufgabe: 24 – (9x + 2) = 4(2x – 3)**

Dog Matix: Gleichungen lösen - Step by Step

| linke Seite | | | rechte Seite |
|---|---|---|---|
| | Klammer auflösen | Klammer auflösen | |
| 24 – (9x + 2) | zu-sammen-fassen | | 4(2x – 3) |
| 24 – 9x – 2 | + 9x | + 9x | 8x – 12 |
| 22–9x | zu-sammen-fassen | zu-sammen-fassen | 8x–12 |
| 22 – 9x + 9x | +12 | + 12 | 8x + 9x – 12 |
| 22 | aus-rechnen | zu-sammen-fassen | 17x – 12 |
| 22 + 12 | : 17 | : 17 | 17x – 12 + 12 |
| 34 | aus-rechnen | kürzen | 17x |
| 34 : 17 | | | 17x : 17 |
| 2<br>*L* | | | x<br>{2} |

## Aufgabenkarten

*ausschneiden, knicken, zusammenkleben, in den Aufgabenbehälter geben und schrittweise nach oben ziehen*

### 31. Aufgabe: $27x - 15 = -4(x - 4)$

Dog Matix: Gleichungen lösen - Step by Step

| Linke Seite | | | Rechte Seite |
|---|---|---|---|
| | | Klammer auflösen | |
| $27x - 15$ | + 4x | + 4x | $-4(x - 4)$ |
| $27x - 15$ | zusammenfassen | zusammenfassen | $-4x + 16$ |
| $27x + 4x - 15$ | + 15 | + 15 | $-4x + 4x + 16$ |
| $31x - 15$ | zusammenfassen | ausrechnen | $16$ |
| $31x - 15 + 15$ | : 31 | : 31 | $16 + 15$ |
| $31x$ | kürzen | ausrechnen | $31$ |
| $31x : 31$ | | | $31 : 31$ |
| $x$ | | | $1$ |
| *L* | | | $\{1\}$ |

### 32. Aufgabe: $-42 - 21x = -6(-3 + 6x)$

Dog Matix: Gleichungen lösen - Step by Step

| Linke Seite | | | Rechte Seite |
|---|---|---|---|
| | | Klammer auflösen | |
| $-42 - 21x$ | + 36x | + 36x | $-6(-3 + 6x)$ |
| $-42 - 21x$ | zusammenfassen | zusammenfassen | $18 - 36x$ |
| $-42 - 21x + 36x$ | + 42 | + 42 | $18 - 36x + 36x$ |
| $-42 + 15x$ | zusammenfassen | ausrechnen | $18$ |
| $-42 + 42 + 15x$ | : 15 | : 15 | $18 + 42$ |
| $15x$ | kürzen | ausrechnen | $60$ |
| $15x : 15$ | | | $60 : 15$ |
| $x$ | | | $4$ |
| *L* | | | $\{4\}$ |

## Aufgabenkarten

*ausschneiden, knicken, zusammenkleben, in den Aufgabenbehälter geben und schrittweise nach oben ziehen*

### 33. Aufgabe: – 0,25(4 + 6x) = 3x + 17

Dog Matix: Gleichungen lösen - Step by Step

| | Klammer auflösen | | |
|---|---|---|---|
| – 0,25(4 + 6x) | – 3x | – 3x | 3x + 17 |
| – 1 – 1,5x | zu-sammen-fassen | zu-sammen-fassen | 3x + 17 |
| – 1 – 1,5x – 3x | + 1 | + 1 | 3x – 3x + 17 |
| – 1 – 4,5x | zu-sammen-fassen | aus-rechnen | 17 |
| – 1 + 1 – 4,5x | : (– 4,5) | : (– 4,5) | 17 + 1 |
| – 4,5x | kürzen | aus-rechnen | 18 |
| – 4,5x : (– 4,5) | | | 18 : (– 4,5) |
| x | | | – 4 |
| *L* | | | {– 4} |

### 34. Aufgabe: 20x – 15 = 2(x – 3)

Dog Matix: Gleichungen lösen - Step by Step

| | | Klammer auflösen | |
|---|---|---|---|
| 20x – 15 | – 2x | – 2x | 2(x – 3) |
| 20x – 15 | zu-sammen-fassen | zu-sammen-fassen | 2x – 6 |
| 20x – 2x – 15 | + 15 | + 15 | 2x – 2x – 6 |
| 18x – 15 | zu-sammen-fassen | aus-rechnen | – 6 |
| 18x – 15 + 15 | : 18 | : 18 | – 6 + 15 |
| 18x | kürzen | aus-rechnen | 9 |
| 18x : 18 | | | 9 : 18 |
| x | | | 0,5 |
| *L* | | | {0,5} |

## Aufgabenkarten

*ausschneiden, knicken, zusammenkleben, in den Aufgabenbehälter geben und schrittweise nach oben ziehen*

**35. Aufgabe: 6(4 + x) = 5(x – 6) + 60**

Dog Matix: Gleichungen lösen - Step by Step

| Linke Seite | | | Rechte Seite |
|---|---|---|---|
| | Klammer auflösen | Klammer auflösen | |
| 6(4 + x) | | zusammenfassen | 5(x – 6) + 60 |
| 24 + 6x | – 24 | – 24 | 5x – 30 + 60 |
| 24 + 6x | zusammenfassen | zusammenfassen | 5x + 30 |
| 24 – 24 + 6x | – 5x | – 5x | 5x + 30 – 24 |
| 6x | zusammenfassen | zusammenfassen | 5x + 6 |
| 6x – 5x | | | 5x – 5x + 6 |
| x | | | 6 |
| *L* | | | {6} |

**36. Aufgabe: 2x + 3 + 5x = 19 – 6x + 10**

Dog Matix: Gleichungen lösen - Step by Step

| Linke Seite | | | Rechte Seite |
|---|---|---|---|
| | zusammenfassen | ausrechnen | |
| 2x + 3 + 5x | – 3 | – 3 | 19 – 6x + 10 |
| 7x + 3 | zusammenfassen | zusammenfassen | 29 – 6x |
| 7x + 3 – 3 | + 6x | + 6x | 29 – 3 – 6x |
| 7x | zusammenfassen | zusammenfassen | 26 – 6x |
| 7x + 6x | : 13 | : 13 | 26 – 6x + 6x |
| 13x | kürzen | ausrechnen | 26 |
| 13x : 13 | | | 26 : 13 |
| x | | | 2 |
| *L* | | | {2} |

## Aufgabenkarten

*ausschneiden, knicken, zusammenkleben, in den Aufgabenbehälter geben und schrittweise nach oben ziehen*

### 37. Aufgabe: 2(x – 5) = 7x – 45

Dog Matix: Gleichungen lösen - Step by Step

| | | | |
|---|---|---|---|
| | Klammer auflösen | | |
| 2(x – 5) | – 2x | – 2x | 7x – 45 |
| 2x – 10 | zu-sammen-fassen | zu-sammen-fassen | 7x – 45 |
| 2x – 2x – 10 | + 45 | + 45 | 7x – 2x – 45 |
| – 10 | aus-rechnen | zu-sammen-fassen | 5x – 45 |
| – 10 + 45 | : 5 | : 5 | 5x – 45 + 45 |
| 35 | aus-rechnen | kürzen | 5x |
| 35 : 5 | | | 5x : 5 |
| 7 | | | x |
| *L* | | | {7} |

### 38. Aufgabe: 20x – 15 = 3(x + 12)

Dog Matix: Gleichungen lösen - Step by Step

| | | | |
|---|---|---|---|
| | | Klammer auflösen | |
| 20x – 15 | – 3x | – 3x | 3(x + 12) |
| 20x – 15 | zu-sammen-fassen | zu-sammen-fassen | 3x + 36 |
| 20x – 3x – 15 | + 15 | + 15 | 3x – 3x + 36 |
| 17x – 15 | zu-sammen-fassen | aus-rechnen | 36 |
| 17x – 15 + 15 | : 17 | : 17 | 36 + 15 |
| 17x | kürzen | aus-rechnen | 51 |
| 17x : 17 | | | 51 : 17 |
| x | | | 3 |
| *L* | | | {3} |

## Aufgabenkarten

*ausschneiden, knicken, zusammenkleben, in den Aufgabenbehälter geben und schrittweise nach oben ziehen*

### 39. Aufgabe: 5(2x + 4) = 8(5x – 5)

Dog Matix: Gleichungen lösen - Step by Step

| Linke Seite | Schritt | Schritt | Rechte Seite |
|---|---|---|---|
| | Klammer auflösen | Klammer auflösen | |
| 5(2x + 4) | + 40 | + 40 | 8(5x – 5) |
| 10x + 20 | zu-sammen-fassen | zu-sammen-fassen | 40x – 40 |
| 10x + 20 + 40 | – 10x | – 10x | 40x – 40 + 40 |
| 10x + 60 | zu-sammen-fassen | zu-sammen-fassen | 40x |
| 10x – 10x + 60 | : 30 | : 30 | 40x – 10x |
| 60 | aus-rechnen | kürzen | 30x |
| 60 : 30 | | | 30x : 30 |
| 2 | | | x |
| *L* | | | {2} |

### 40. Aufgabe: 3(4x + 5) = 2(3 + 5x)

Dog Matix: Gleichungen lösen - Step by Step

| Linke Seite | Schritt | Schritt | Rechte Seite |
|---|---|---|---|
| | Klammer auflösen | Klammer auflösen | |
| 3(4x + 5) | – 10x | – 10x | 2(3 + 5x) |
| 12x + 15 | zu-sammen-fassen | zu-sammen-fassen | 6 + 10x |
| 12x – 10x + 15 | – 15 | – 15 | 6 + 10x – 10x |
| 2x + 15 | zu-sammen-fassen | aus-rechnen | 6 |
| 2x + 15 – 15 | : 2 | : 2 | 6 – 15 |
| 2x | kürzen | aus-rechnen | – 9 |
| 2x : 2 | | | (– 9) : 2 |
| x | | | – 4,5 |
| *L* | | | {– 4,5} |

## Aufgabenkarten

*ausschneiden, knicken, zusammenkleben, in den Aufgabenbehälter geben und schrittweise nach oben ziehen*

### 41. Aufgabe: $(x-11)^2 = (x+9)^2$

Dog Matix: Gleichungen lösen - Step by Step

| | | | |
|---|---|---|---|
| | Binom auflösen | Binom auflösen | |
| $(x-11)^2$ | $-x^2$ | $-x^2$ | $(x+9)^2$ |
| $x^2-22x+121$ | zusammenfassen | zusammenfassen | $x^2+18x+81$ |
| $x^2-x^2-22x+121$ | $+22x$ | $+22x$ | $x^2-x^2+18x+81$ |
| $-22x+121$ | zusammenfassen | zusammenfassen | $18x+81$ |
| $-22x+22x+121$ | $-81$ | $-81$ | $18x+22x+81$ |
| $121$ | $:40$ | $:40$ | $40x+81$ |
| $40$ | | | $40x$ |
| $1$ | | | $x$ |
| *L* | | | $\{1\}$ |

### 42. Aufgabe: $(3x+7)(2x-5) = 6x^2-(6x+5)$

Dog Matix: Gleichungen lösen - Step by Step

| | | | |
|---|---|---|---|
| | Klammer auflösen | Klammer auflösen | |
| $(3x+7)(2x-5)$ | zusammenfassen | | $6x^2-(6x+5)$ |
| $6x^2-15x+14x-35$ | $-6x^2$ | $-6x^2$ | $6x^2-6x-5$ |
| $6x^2-1x-35$ | $+6x$ | $+6x$ | $6x^2-6x-5$ |
| $-1x-35$ | $+35$ | $+35$ | $-6x-5$ |
| $5x-35$ | zusammenfassen | ausrechnen | $-5$ |
| $5x-35+35$ | $:5$ | $:5$ | $-5+35$ |
| $5x$ | | | $30$ |
| $x$ | | | $6$ |
| *L* | | | $\{6\}$ |

## Aufgabenkarten

*ausschneiden, knicken, zusammenkleben, in den Aufgabenbehälter geben und schrittweise nach oben ziehen*

### 43. Aufgabe: $(2x - 5)(x + 3) = 2x^2 - 12$

Dog Matix: Gleichungen lösen - Step by Step

| Linke Seite | Schritt | Schritt | Rechte Seite |
|---|---|---|---|
| | Klammer auflösen | | |
| $(2x - 5)(x + 3)$ | zusammenfassen | | $2x^2 - 12$ |
| $2x^2 + 6x - 5x - 15$ | $-2x^2$ | $-2x^2$ | $2x^2 - 12$ |
| $2x^2 + x - 15$ | zusammenfassen | zusammenfassen | $2x^2 - 12$ |
| $2x^2 - 2x^2 + x - 15$ | $+15$ | $+15$ | $2x^2 - 2x^2 - 12$ |
| $x - 15$ | zusammenfassen | ausrechnen | $-12$ |
| $x - 15 + 15$ | | | $-12 + 15$ |
| $x$ | | | $3$ |
| *L* | | | $\{3\}$ |

### 44. Aufgabe: $(2x + 2)(x + 1) = 2(x^2 + 9)$

Dog Matix: Gleichungen lösen - Step by Step

| Linke Seite | Schritt | Schritt | Rechte Seite |
|---|---|---|---|
| | Klammer auflösen | Klammer auflösen | |
| $(2x + 2)(x + 1)$ | zusammenfassen | | $2(x^2 + 9)$ |
| $2x^2 + 2x + 2x + 2$ | $-2x^2$ | $-2x^2$ | $2x^2 + 18$ |
| $2x^2 + 4x + 2$ | zusammenfassen | zusammenfassen | $2x^2 + 18$ |
| $2x^2 - 2x^2 + 4x + 2$ | $-2$ | $-2$ | $2x^2 - 2x^2 + 18$ |
| $4x + 2$ | zusammenfassen | ausrechnen | $18$ |
| $4x + 2 - 2$ | $:4$ | $:4$ | $18 - 2$ |
| $4x$ | kürzen | ausrechnen | $16$ |
| $4x : 4$ | | | $16 : 4$ |
| $x$<br>*L* | | | $4$<br>$\{4\}$ |

## Aufgabenkarten

*ausschneiden, knicken, zusammenkleben, in den Aufgabenbehälter geben und schrittweise nach oben ziehen*

### 45. Aufgabe: $(x + 7)^2 = (x - 6)^2$

Dog Matix: Gleichungen lösen - Step by Step

| Linke Seite | | | Rechte Seite |
|---|---|---|---|
| | Binom auflösen | Binom auflösen | |
| $(x + 7)^2$ | $-x^2$ | $-x^2$ | $(x - 6)^2$ |
| $x^2 + 14x + 49$ | zu-sammen-fassen | zu-sammen-fassen | $x^2 - 12x + 36$ |
| $x^2 - x^2 + 14x + 49$ | $-12x$ | $-12x$ | $x^2 - x^2 - 12x + 36$ |
| $14x + 49$ | zu-sammen-fassen | zu-sammen-fassen | $-12x + 36$ |
| $14x + 12x + 49$ | $-49$ | $-49$ | $12x - 12x + 36$ |
| $26x + 49$ | $:26$ | $:26$ | $36$ |
| $26x$ | | | $-13$ |
| $x$ | | | $-0,5$ |
| *L* | | | $\{-0,5\}$ |

### 46. Aufgabe: $(x + 1)^2 = (x - 2)(x + 7)$

Dog Matix: Gleichungen lösen - Step by Step

| Linke Seite | | | Rechte Seite |
|---|---|---|---|
| | Binom auflösen | Klammer auflösen | |
| $(x + 1)^2$ | zu-sammen-fassen | | $(x - 2)(x + 7)$ |
| $x^2 + 2x + 1$ | $-x^2$ | $-x^2$ | $x^2 + 7x - 2x - 14$ |
| $x^2 + 2x + 1$ | $-5x$ | $-5x$ | $x^2 + 5x - 14$ |
| $2x + 1$ | zu-sammen-fassen | zu-sammen-fassen | $5x - 14$ |
| $2x - 5x + 1$ | $-1$ | $-1$ | $5x - 5x - 14$ |
| $-3x + 1$ | $:(-3)$ | $:(-3)$ | $-14$ |
| $-3x$ | | | $-15$ |
| $x$ | | | $5$ |
| *L* | | | $\{5\}$ |

**Aufgabenkarten**

*ausschneiden, knicken, zusammenkleben, in den Aufgabenbehälter geben und schrittweise nach oben ziehen*

**47. Aufgabe:** $\frac{4x}{5} + \frac{7x}{10} = 15$

Dog Matix: Gleichungen lösen - Step by Step

| | Hauptnenner 10 • 10 | Hauptnenner 10 • 10 | |
|---|---|---|---|
| $\frac{4x}{5} + \frac{7x}{10}$ | kürzen | ausrechnen | 15 |
| $\frac{10 \cdot 4x}{5} + \frac{10 \cdot 7x}{10}$ | vereinfachen | | $15 \cdot 10$ |
| $2 \cdot 4x + 7x$ | zusammenfassen | | 150 |
| $8x + 7x$ | : 15 | : 15 | 150 |
| $15x$ | kürzen | ausrechnen | 150 |
| $15x : 15$ | | | $150 : 15$ |
| $x$ | | | 10 |
| *L* | | | {10} |

**48. Aufgabe:** $\frac{x}{5} - \frac{x}{9} = 8$

Dog Matix: Gleichungen lösen - Step by Step

| | Hauptnenner 45 • 45 | Hauptnenner 45 • 45 | |
|---|---|---|---|
| $\frac{x}{5} - \frac{x}{9}$ | kürzen | ausrechnen | 8 |
| $\frac{45 \cdot x}{5} - \frac{45 \cdot x}{9}$ | zusammenfassen | | $8 \cdot 45$ |
| $9 \cdot x - 5 \cdot x$ | : 4 | : 4 | 360 |
| $4x$ | kürzen | ausrechnen | 360 |
| $4x : 4$ | | | $360 : 4$ |
| $x$ | x = 90 einsetzen | | 90 |
| *L* | ausrechnen | | {90} |
| $\frac{90}{5} - \frac{90}{9}$ | | | 8 |
| 8 | | | 8 |

## Aufgabenkarten

*ausschneiden, knicken, zusammenkleben, in den Aufgabenbehälter geben und schrittweise nach oben ziehen*

### 49. Aufgabe: $\frac{8x}{9} - \frac{3x}{4} = \frac{5x}{18} - 5$

Dog Matix: Gleichungen lösen - Step by Step

| Linke Seite | Schritt | Schritt | Rechte Seite |
|---|---|---|---|
| | Hauptnenner 36 $\cdot 36$ | Hauptnenner 36 $\cdot 36$ | |
| $\frac{8x}{9} - \frac{3x}{4}$ | kürzen | kürzen bzw. ausrechnen | $\frac{5x}{18} - 5$ |
| $\frac{36 \cdot 8x}{9} - \frac{36 \cdot 3x}{4}$ | vereinfachen | vereinfachen | $\frac{36 \cdot 5x}{18} - 5 \cdot 36$ |
| $4 \cdot 8x - 9 \cdot 3x$ | zusammenfassen | | $2 \cdot 5x - 180$ |
| $32x - 27x$ | $-10x$ | $-10x$ | $10x - 180$ |
| $5x$ | zusammenfassen | zusammenfassen | $10x - 180$ |
| $5x - 10x$ | $:(-5)$ | $:(-5)$ | $10x - 10x - 180$ |
| $-5x$ | | | $-180$ |
| $x$ | | | $36$ |
| *L* | | | $\{36\}$ |

### 50. Aufgabe: $\frac{7x}{5} - \frac{3x}{10} = \frac{5x}{4} - 6$

Dog Matix: Gleichungen lösen - Step by Step

| Linke Seite | Schritt | Schritt | Rechte Seite |
|---|---|---|---|
| | Hauptnenner 20 $\cdot 20$ | Hauptnenner 20 $\cdot 20$ | |
| $\frac{7x}{5} - \frac{3x}{10}$ | kürzen | kürzen bzw. ausrechnen | $\frac{5x}{4} - 6$ |
| $\frac{20 \cdot 7x}{5} - \frac{20 \cdot 3x}{10}$ | vereinfachen | vereinfachen | $\frac{20 \cdot 5x}{4} - 6 \cdot 20$ |
| $4 \cdot 7x - 2 \cdot 3x$ | zusammenfassen | | $5 \cdot 5x - 120$ |
| $28x - 6x$ | $-25x$ | $-25x$ | $25x - 120$ |
| $22x$ | zusammenfassen | zusammenfassen | $25x - 120$ |
| $22x - 25x$ | $:(-3)$ | $:(-3)$ | $25x - 25x - 120$ |
| $-3x$ | | | $-120$ |
| $x$ | | | $40$ |
| *L* | | | $\{40\}$ |

## Aufgabenkarten

*ausschneiden, knicken, zusammenkleben, in den Aufgabenbehälter geben und schrittweise nach oben ziehen*

### 51. Aufgabe: $\frac{3x + 5}{8} = 4$

Dog Matix: Gleichungen lösen - Step by Step

| | | | |
|---|---|---|---|
| | • 8 | • 8 | |
| $\frac{3x + 5}{8}$ | kürzen | ausrechnen | 4 |
| $\frac{8 \cdot (3x + 5)}{8}$ | – 5 | – 5 | 4 • 8 |
| 3x + 5 | zusammenfassen | ausrechnen | 32 |
| 3x + 5 – 5 | : 3 | : 3 | 32 – 5 |
| 3x | kürzen | ausrechnen | 27 |
| $\frac{3x}{3}$ | | | 27 : 3 |
| x | | | 9 |
| *L* | | | {9} |

### 52. Aufgabe: $\frac{7x + 4}{12} = 5$

Dog Matix: Gleichungen lösen - Step by Step

| | | | |
|---|---|---|---|
| | • 12 | • 12 | |
| $\frac{7x + 4}{12}$ | kürzen | ausrechnen | 5 |
| $\frac{12 \cdot (7x + 4)}{12}$ | – 4 | – 4 | 5 • 12 |
| 7x + 4 | zusammenfassen | ausrechnen | 60 |
| 7x + 4 – 4 | : 7 | : 7 | 60 – 4 |
| 7x | kürzen | ausrechnen | 56 |
| $\frac{7x}{7}$ | | | 56 : 7 |
| x | | | 8 |
| *L* | | | {8} |

## Aufgabenkarten

*ausschneiden, knicken, zusammenkleben, in den Aufgabenbehälter geben und schrittweise nach oben ziehen*

### 53. Aufgabe: $\frac{2x+5}{9} - \frac{x}{10} = 3$

Dog Matix: Gleichungen lösen - Step by Step

| | Haupt-nenner 90 • 90 | Haupt-nenner 90 • 90 | |
|---|---|---|---|
| $\frac{2x+5}{9} - \frac{x}{10}$ | kürzen | aus-rechnen | 3 |
| $\frac{90\cdot(2x+5)}{9} - \frac{90\cdot x}{10}$ | Klammer auflösen | | $3 \cdot 90$ |
| $10\cdot(2x+5) - 9x$ | zu-sammen-fassen | | 270 |
| $20x + 50 - 9x$ | – 50 | – 50 | 270 |
| $11x + 50$ | zu-sammen-fassen | aus-rechnen | 270 |
| $11x + 50 - 50$ | : 11 | : 11 | 270 – 50 |
| $11x$ | | | 220 |
| x | | | 20 |
| *L* | | | {20} |

### 54. Aufgabe: $\frac{x}{3} - \frac{5x-4}{7} = 12$

Dog Matix: Gleichungen lösen - Step by Step

| | Haupt-nenner 21 • 21 | Haupt-nenner 21 • 21 | |
|---|---|---|---|
| $\frac{x}{3} - \frac{5x-4}{7}$ | kürzen | aus-rechnen | 12 |
| $\frac{21\cdot x}{3} - \frac{21\cdot(5x-4)}{7}$ | Klammer auflösen | | $12 \cdot 21$ |
| $7x - 3\cdot(5x+4)$ | zu-sammen-fassen | | 252 |
| $7x - 15x + 12$ | – 12 | – 12 | 252 |
| $-8x + 12$ | zu-sammen-fassen | aus-rechnen | 252 |
| $-8x + 12 - 12$ | : (– 8) | : (– 8) | 252 – 12 |
| $-8x$ | | | 240 |
| x | | | – 30 |
| *L* | | | {– 30} |

## Aufgabenkarten

*ausschneiden, knicken, zusammenkleben, in den Aufgabenbehälter geben und schrittweise nach oben ziehen*

### 55. Aufgabe: $\frac{5x}{4} = 1 + \frac{9x-8}{7}$

Dog Matix: Gleichungen lösen - Step by Step

| Linke Seite | Hauptnenner 28 · 28 | Hauptnenner 28 · 28 | Rechte Seite |
|---|---|---|---|
| $\frac{5x}{4}$ | kürzen | kürzen | $1 + \frac{9x-8}{7}$ |
| $\frac{28 \cdot 5x}{4}$ | vereinfachen | Klammer auflösen | $28 \cdot 1 + \frac{28(9x-8)}{7}$ |
| $7 \cdot 5x$ | | ausrechnen | $28 + 4 \cdot (9x - 8)$ |
| $35x$ | $-36x$ | $-36x$ | $28 + 36x - 32$ |
| $35x$ | zusammenfassen | zusammenfassen | $-4 + 36x$ |
| $35x - 36x$ | $:(-1)$ | $:(-1)$ | $-4 + 36x - 36x$ |
| $-1x$ | | | $-4$ |
| $x$ | | | $4$ |
| *L* | | | $\{4\}$ |

### 56. Aufgabe: $\frac{3x}{4} + \frac{7x+4}{12} = 11$

Dog Matix: Gleichungen lösen - Step by Step

| Linke Seite | Hauptnenner 12 · 12 | Hauptnenner 12 · 12 | Rechte Seite |
|---|---|---|---|
| $\frac{3x}{4} + \frac{7x+4}{12}$ | kürzen | ausrechnen | $11$ |
| $\frac{12 \cdot 3x}{4} + \frac{12 \cdot (7x+4)}{12}$ | vereinfachen | | $11 \cdot 12$ |
| $3 \cdot 3x + 7x + 4$ | zusammenfassen | | $132$ |
| $9x + 7x + 4$ | $-4$ | $-4$ | $132$ |
| $16x + 4$ | zusammenfassen | ausrechnen | $132$ |
| $16x + 4 - 4$ | $:16$ | $:16$ | $132 - 4$ |
| $16x$ | | | $128$ |
| $x$ | | | $8$ |
| *L* | | | $\{8\}$ |

## Aufgabenkarten

*ausschneiden, knicken, zusammenkleben, in den Aufgabenbehälter geben und schrittweise nach oben ziehen*

### 57. Aufgabe: $\frac{2x+5}{7} - \frac{2x}{4} = -1$

Dog Matix: Gleichungen lösen - Step by Step

| Linke Seite | | | Rechte Seite |
|---|---|---|---|
| | Hauptnenner 28 • 28 | Hauptnenner 28 • 28 | |
| $\frac{2x+5}{7} - \frac{2x}{4}$ | kürzen | kürzen | $-1$ |
| $\frac{28\cdot(2x+5)}{7} - \frac{28\cdot 2x}{4}$ | Klammer auflösen | ausrechnen | $28\cdot(-1)$ |
| $4\cdot(2x+5) - 7\cdot 2x$ | zusammenfassen | | $-28$ |
| $8x + 20 - 14x$ | $-20$ | $-20$ | $-28$ |
| $-6x + 20$ | zusammenfassen | ausrechnen | $-28$ |
| $-6x + 20 - 20$ | : (– 6) | : (– 6) | $-28 - 20$ |
| $-6x$ | | | $-48$ |
| $x$ | | | $8$ |
| $L$ | | | $\{8\}$ |

### 58. Aufgabe: $\frac{x}{3} = \frac{7x-12}{15}$

Dog Matix: Gleichungen lösen - Step by Step

| Linke Seite | | | Rechte Seite |
|---|---|---|---|
| | Hauptnenner 45 • 45 | Hauptnenner 45 • 45 | |
| $\frac{x}{3}$ | kürzen | kürzen | $\frac{7x-12}{15}$ |
| $\frac{45\cdot x}{3}$ | | Klammer auflösen | $\frac{45\cdot(7x-12)}{15}$ |
| $15x$ | $-21x$ | $-21x$ | $3\cdot(7x-12)$ |
| $15x$ | zusammenfassen | zusammenfassen | $21x - 36$ |
| $15x - 21x$ | : (– 6) | : (– 6) | $21x - 21x - 36$ |
| $-6x$ | kürzen | ausrechnen | $-36$ |
| $-6x : (-6)$ | | | $-36 : (-6)$ |
| $x$ | | | $6$ |
| $L$ | | | $\{6\}$ |

## Aufgabenkarten

*ausschneiden, knicken, zusammenkleben, in den Aufgabenbehälter geben und schrittweise nach oben ziehen*

### 59. Aufgabe: $\frac{x-3}{4} - 6 = \frac{2x+3}{11}$

Dog Matix: Gleichungen lösen - Step by Step

| | Hauptnenner 44 $\cdot 44$ | Hauptnenner 44 $\cdot 44$ | |
|---|---|---|---|
| $\frac{x-3}{4} - 6$ | kürzen und ausrechnen | kürzen | $\frac{2x+3}{11}$ |
| $\frac{44\cdot(x-3)}{4} - 6 \cdot 44$ | Klammer auflösen und ausrechnen | Klammer auflösen | $\frac{44 \cdot (2x+3)}{11}$ |
| $11 \cdot (x-3) - 264$ | $-8x$ | $-8x$ | $4 \cdot (2x+3)$ |
| $11x - 33 - 264$ | $+297$ | $+297$ | $8x + 12$ |
| $3x - 297$ | zusammenfassen | ausrechnen | $12$ |
| $3x - 297 + 297$ | $:3$ | $:3$ | $12 + 297$ |
| $3x$ | | | $309$ |
| $x$ | | | $103$ |
| *L* | | | $\{103\}$ |

### 60. Aufgabe: $\frac{12x-1}{5} = 2 + \frac{13x-4}{7}$

Dog Matix: Gleichungen lösen - Step by Step

| | Hauptnenner 35 $\cdot 35$ | Hauptnenner 35 $\cdot 35$ | |
|---|---|---|---|
| $\frac{12x-1}{5}$ | kürzen | ausrechnen und kürzen | $2 + \frac{13x-4}{7}$ |
| $\frac{35 \cdot (12x-1)}{5}$ | Klammer auflösen | Klammer auflösen | $35\cdot 2 + \frac{35\cdot(13x-4)}{7}$ |
| $7 \cdot (12x-1)$ | $+7$ | $+7$ | $70 + 5\cdot(13x-4)$ |
| $84x - 7$ | $-65x$ | $-65x$ | $70 + 65x - 20$ |
| $84x$ | zusammenfassen | zusammenfassen | $57 + 65x$ |
| $84x - 65x$ | $:19$ | $:19$ | $57 + 65x - 65x$ |
| $19x$ | | | $57$ |
| $x$ | | | $3$ |
| *L* | | | $\{3\}$ |

## Aufgabenkarten

*ausschneiden, knicken, zusammenkleben, in den Aufgabenbehälter geben und schrittweise nach oben ziehen*

**61. Aufgabe:** $x + a = d$ $x = ?$

Dog Matix:
Gleichungen allgemeiner Form lösen - Step by Step

| | $-a$ | $-a$ | |
|---|---|---|---|
| $x + a$ | zu-sammen-fassen | | $d$ |
| $x + a - a$ | Probe: $x = d - a$ einsetzen | | $d - a$ |
| $x$ | zu-sammen-fassen | | $d - a$ |
| $d - a + a$ | | | $d$ |
| $d$ | | | $d$ |

**62. Aufgabe:** $x - d = f$ $x = ?$

Dog Matix:
Gleichungen allgemeiner Form lösen - Step by Step

| | $+d$ | $+d$ | |
|---|---|---|---|
| $x - d$ | zu-sammen-fassen | | $f$ |
| $x - d + d$ | Probe: $x = f + d$ einsetzen | | $f + d$ |
| $x$ | zu-sammen-fassen | | $f + d$ |
| $f + d - d$ | | | $f$ |
| $f$ | | | $f$ |

## Aufgabenkarten

*ausschneiden, knicken, zusammenkleben, in den Aufgabenbehälter geben und schrittweise nach oben ziehen*

**63. Aufgabe:** $m + nx = p$  $x = ?$

Dog Matix:
Gleichungen allgemeiner Form lösen - Step by Step

| | | | |
|---|---|---|---|
| | $-m$ | $-m$ | |
| $m + nx$ | zusammenfassen | | $p$ |
| $m - m + nx$ | $:n$ | $:n$ | $p - m$ |
| $nx$ | kürzen | | $p - m$ |
| $\frac{nx}{n}$ | | | $\frac{p-m}{n}$ |
| $x$ | | | $\frac{p-m}{n}$ |

**64. Aufgabe:** $ax - b = c$  $x = ?$

Dog Matix:
Gleichungen allgemeiner Form lösen - Step by Step

| | | | |
|---|---|---|---|
| | $+b$ | $+b$ | |
| $ax - b$ | zusammenfassen | | $c$ |
| $ax - b + b$ | $:a$ | $:a$ | $c + b$ |
| $ax$ | kürzen | | $c + b$ |
| $\frac{ax}{a}$ | | | $\frac{c+b}{a}$ |
| $x$ | | | $\frac{c+b}{a}$ |

**Aufgabenkarten**

*ausschneiden, knicken, zusammenkleben, in den Aufgabenbehälter geben und schrittweise nach oben ziehen*

**65. Aufgabe:** $ax + b = f \cdot g$  $x = ?$

Dog Matix:
Gleichungen allgemeiner Form lösen - Step by Step

| | | | |
|---|---|---|---|
| | $-b$ | $-b$ | |
| $ax + b$ | zusammen-fassen | | $f \cdot g$ |
| $ax + b - b$ | $:a$ | $:a$ | $f \cdot g - b$ |
| $ax$ | kürzen | | $f \cdot g - b$ |
| $\frac{ax}{a}$ | | | $\frac{f \cdot g - b}{a}$ |
| $x$ | | | $\frac{f \cdot g - b}{a}$ |

**66. Aufgabe:** $6a + 2x = 10a$  $x = ?$

Dog Matix:
Gleichungen allgemeiner Form lösen - Step by Step

| | | | |
|---|---|---|---|
| | $-6a$ | $-6a$ | |
| $6a + 2x$ | zusammen-fassen | zusammen-fassen | $10a$ |
| $6a - 6a + 2x$ | $:2$ | $:2$ | $10a - 6a$ |
| $2x$ | kürzen | kürzen | $4a$ |
| $\frac{2x}{2}$ | Probe: $x = 2a$ einsetzen | | $\frac{4a}{2}$ |
| $x$ | verein-fachen | | $2a$ |
| $6a + 2 \cdot 2a$ | zusammen-fassen | | $10a$ |
| $6a + 4a$ | | | $10a$ |
| $10a$ | | | $10a$ |

**Aufgabenkarten**

*ausschneiden, knicken, zusammenkleben, in den Aufgabenbehälter geben und schrittweise nach oben ziehen*

**67. Aufgabe:** $ab + bx = 1$ $x = ?$

Dog Matix:
Gleichungen allgemeiner Form lösen - Step by Step

| | | | |
|---|---|---|---|
| | $-ab$ | $-ab$ | |
| $ab + bx$ | zusammenfassen | | $1$ |
| $ab - ab + bx$ | $:b$ | $:b$ | $1 - ab$ |
| $bx$ | kürzen | | $1 - ab$ |
| $\frac{bx}{b}$ | | | $\frac{1-ab}{b}$ |
| $x$ | | | $\frac{1-ab}{b}$ |

**68. Aufgabe:** $6x + 5b = 13b + 2x$ $x = ?$

Dog Matix:
Gleichungen allgemeiner Form lösen - Step by Step

| | | | |
|---|---|---|---|
| | $-5b$ | $-5b$ | |
| $6x + 5b$ | zusammenfassen | zusammenfassen | $13b + 2x$ |
| $6x + 5b - 5b$ | $-2x$ | $-2x$ | $13b - 5b + 2x$ |
| $6x$ | zusammenfassen | zusammenfassen | $8b + 2x$ |
| $6x - 2x$ | $:4$ | $:4$ | $8b + 2x - 2x$ |
| $4x$ | kürzen | kürzen | $8b$ |
| $\frac{4x}{4}$ | Probe: $x = 2b$ einsetzen | | $\frac{8b}{4}$ |
| $x$ | zusammenfassen | zusammenfassen | $2b$ |
| $6 \cdot 2b + 5b$ | | | $13b + 2 \cdot 2b$ |
| $17b$ | | | $17b$ |

## Aufgabenkarten

*ausschneiden, knicken, zusammenkleben, in den Aufgabenbehälter geben und schrittweise nach oben ziehen*

### 69. Aufgabe: $\frac{4x}{a} = 2b$ x = ?

Dog Matix: Gleichungen allgemeiner Form lösen - Step by Step

| | | | |
|---|---|---|---|
| | • a | • a | |
| $\frac{4x}{a}$ | kürzen | ordnen | $2b$ |
| $\frac{4x \cdot a}{a}$ | : 4 | : 4 | $2b \cdot a$ |
| $4x$ | kürzen | kürzen | $2ab$ |
| $\frac{4x}{4}$ | | | $\frac{2ab}{4}$ |
| $x$ | | | $\frac{ab}{2}$ |

### 70. Aufgabe: $ax - bx = a^2 - b^2$ x = ?

Dog Matix: Gleichungen allgemeiner Form lösen - Step by Step

| | | | |
|---|---|---|---|
| | x ausklammern | | |
| $ax - bx$ | : (a – b) | : (a – b) | $a^2 - b^2$ |
| $x(a - b)$ | kürzen | | $a^2 - b^2$ |
| $\frac{x(a - b)}{a - b}$ | | binomische Formel anwenden | $\frac{a^2 - b^2}{a - b}$ |
| $x$ | | kürzen | $\frac{a^2 - b^2}{a - b}$ |
| $x$ | Probe: x = a + b einsetzen | | $\frac{(a + b)(a - b)}{a - b}$ |
| $x$ | ausklammern | | $a + b$ |
| $a(a+b) - b(a+b)$ | 3. binomische Formel | | $a^2 - b^2$ |
| $(a + b)(a - b)$ | | | $a^2 - b^2$ |
| $a^2 - b^2$ | | | $a^2 - b^2$ |

## Aufgabenkarten

*ausschneiden, knicken, zusammenkleben, in den Aufgabenbehälter geben und schrittweise nach oben ziehen*

### 71. Aufgabe: $a(x - a) = b(x - b)$   $x = ?$

**Dog Matix:**
Gleichungen allgemeiner Form lösen - Step by Step

| | Klammer auflösen | Klammer auflösen | |
|---|---|---|---|
| $a(x - a)$ | $-bx$ | $-bx$ | $b(x - b)$ |
| $ax - a^2$ | | zusammenfassen | $bx - b^2$ |
| $ax - a^2 - bx$ | $+a^2$ | $+a^2$ | $bx - bx - b^2$ |
| $ax - a^2 - bx$ | zusammenfassen | binomische Formel anwenden | $-b^2$ |
| $ax - a^2 - bx + a^2$ | x ausklammern | | $a^2 - b^2$ |
| $ax - bx$ | $:(a - b)$ | $:(a - b)$ | $(a - b)(a + b)$ |
| $x(a - b)$ | kürzen | kürzen | $(a - b)(a + b)$ |
| $\frac{x(a - b)}{a - b}$ | | | $\frac{(a + b)(a - b)}{a - b}$ |
| $x$ | | | $a + b$ |

### 72. Aufgabe: $ax - cx = a^2 - ac$   $x = ?$

**Dog Matix:**
Gleichungen allgemeiner Form lösen - Step by Step

| | x ausklammern | a ausklammern | |
|---|---|---|---|
| $ax - cx$ | $:(a - c)$ | $:(a - c)$ | $a^2 - ac$ |
| $x(a - c)$ | kürzen | kürzen | $a(a - c)$ |
| $\frac{x(a - c)}{a - c}$ | Probe: x = a einsetzen | | $\frac{a(a - c)}{a - c}$ |
| $x$ | vereinfachen | | $a$ |
| $a \cdot a - c \cdot a$ | | | $a^2 - ac$ |
| $a^2 - ac$ | | | $a^2 - ac$ |

## Aufgabenkarten

*ausschneiden, knicken, zusammenkleben, in den Aufgabenbehälter geben und schrittweise nach oben ziehen*

**73. Aufgabe:** $8ax - 19a = 17a - 4ax$ $x = ?$

Dog Matix: Gleichungen allgemeiner Form lösen - Step by Step

| | | | |
|---|---|---|---|
| | + 4ax | + 4ax | |
| 8ax – 19a | zu-sammen-fassen | zu-sammen-fassen | 17a – 4ax |
| 8ax – 19a + 4ax | + 19a | + 19a | 17a – 4ax + 4ax |
| 12ax – 19a | zu-sammen-fassen | zu-sammen-fassen | 17a |
| 12ax – 19a + 19a | : 12a | : 12a | 17a + 19a |
| 12ax | kürzen | kürzen | 36a |
| 12ax : 12a | Probe: x = 3 einsetzen | Probe: x = 3 einsetzen | 36a : 12a |
| x | zu-sammen-fassen | zu-sammen-fassen | 3 |
| 8a • 3 – 19a | | | 17a – 4a • 3 |
| 5a | | | 5a |

**74. Aufgabe:** $12bx - 7ab = 8ab + 7bx$ $x = ?$

Dog Matix: Gleichungen allgemeiner Form lösen - Step by Step

| | | | |
|---|---|---|---|
| | – 7bx | – 7bx | |
| 12bx – 7ab | zu-sammen-fassen | zu-sammen-fassen | 8ab + 7bx |
| 12bx – 7bx – 7ab | + 7ab | + 7ab | 8ab + 7bx – 7bx |
| 5bx – 7ab | zu-sammen-fassen | zu-sammen-fassen | 8ab |
| 5bx – 7ab + 7ab | : 5b | : 5b | 8ab + 7ab |
| 5bx | kürzen | kürzen | 15ab |
| 5bx : 5b | Probe: x = 3a einsetzen | Probe: x = 3a einsetzen | 15ab : 5b |
| x | zu-sammen-fassen | zu-sammen-fassen | 3a |
| 12b • 3a – 7ab | | | 8ab + 7b • 3a |
| 29ab | | | 29ab |

## Aufgabenkarten

*ausschneiden, knicken, zusammenkleben, in den Aufgabenbehälter geben und schrittweise nach oben ziehen*

### 75. Aufgabe: A = a • b   b = ?

Dog Matix:
Gleichungen allgemeiner Form lösen - Step by Step

| | | | |
|---|---|---|---|
| | : a | : a | |
| $A$ | | kürzen | $a \cdot b$ |
| $\frac{A}{a}$ | | | $\frac{a \cdot b}{a}$ |
| $\frac{A}{a}$ | | | $b$ |

### 76. Aufgabe: V = a • b • c   c = ?

Dog Matix:
Gleichungen allgemeiner Form lösen - Step by Step

| | | | |
|---|---|---|---|
| | : a | : a | |
| $V$ | | kürzen | $a \cdot b \cdot c$ |
| $\frac{V}{a}$ | : b | : b | $\frac{a \cdot b \cdot c}{a}$ |
| $\frac{V}{a}$ | | kürzen | $b \cdot c$ |
| $\frac{V}{a \cdot b}$ | | | $\frac{b \cdot c}{b}$ |
| $\frac{V}{a \cdot b}$ | | | $c$ |

## Aufgabenkarten

*ausschneiden, knicken, zusammenkleben, in den Aufgabenbehälter geben und schrittweise nach oben ziehen*

### 77. Aufgabe: $V = u \cdot h$ $h = ?$

Dog Matix: Gleichungen allgemeiner Form lösen - Step by Step

| | : u | : u | |
|---|---|---|---|
| $V$ | | kürzen | $u \cdot h$ |
| $\frac{V}{u}$ | | | $\frac{u \cdot h}{u}$ |
| $\frac{V}{u}$ | | | $h$ |

### 78. Aufgabe: $u = 2 \cdot r \cdot \pi$ $r = ?$

Dog Matix: Gleichungen allgemeiner Form lösen - Step by Step

| | : 2 | : 2 | |
|---|---|---|---|
| $u$ | | kürzen | $2 \cdot r \cdot \pi$ |
| $\frac{u}{2}$ | : π | : π | $\frac{2 \cdot r \cdot \pi}{2}$ |
| $\frac{u}{2}$ | | kürzen | $r \cdot \pi$ |
| $\frac{u}{2 \cdot \pi}$ | | | $\frac{r \cdot \pi}{\pi}$ |
| $\frac{u}{2 \cdot \pi}$ | | | $r$ |

## Aufgabenkarten

*ausschneiden, knicken, zusammenkleben, in den Aufgabenbehälter geben und schrittweise nach oben ziehen*

### 79. Aufgabe: $A = g \cdot h$ $h = ?$

Dog Matix:
Gleichungen allgemeiner Form lösen - Step by Step

| Linke Seite | | | Rechte Seite |
|---|---|---|---|
| | : g | : g | |
| A | | kürzen | $g \cdot h$ |
| $\frac{A}{g}$ | | | $\frac{g \cdot h}{g}$ |
| $\frac{A}{g}$ | | | h |

### 80. Aufgabe: $A = \frac{1}{2} g \cdot h$ $g = ?$

Dog Matix:
Gleichungen allgemeiner Form lösen - Step by Step

| Linke Seite | | | Rechte Seite |
|---|---|---|---|
| | • 2 | • 2 | |
| A | | kürzen | $\frac{1}{2} g \cdot h$ |
| $2 \cdot A$ | : h | : h | $2 \cdot \frac{1}{2} g \cdot h$ |
| $2 \cdot A$ | | | $g \cdot h$ |
| $\frac{2 \cdot A}{h}$ | | kürzen | $\frac{g \cdot h}{h}$ |
| $\frac{2 \cdot A}{h}$ | | | $\frac{g \cdot h}{h}$ |
| $\frac{2 \cdot A}{h}$ | | | g |

## Aufgabenkarten

*ausschneiden, knicken, zusammenkleben, in den Aufgabenbehälter geben und schrittweise nach oben ziehen*

**81. Aufgabe:** $z = z_1 \cdot t$ $\quad z_1 = ?$

Dog Matix:
Gleichungen allgemeiner Form lösen - Step by Step

| | | | |
|---|---|---|---|
| | : t | : t | |
| $z$ | | kürzen | $z_1 \cdot t$ |
| $\frac{z}{t}$ | | | $\frac{z_1 \cdot t}{t}$ |
| $\frac{z}{t}$ | | | $z_1$ |

**82. Aufgabe:** $A = m \cdot h$ $\quad m = ?$

Dog Matix:
Gleichungen allgemeiner Form lösen - Step by Step

| | | | |
|---|---|---|---|
| | : h | : h | |
| $A$ | | kürzen | $m \cdot h$ |
| $\frac{A}{h}$ | | | $\frac{m \cdot h}{h}$ |
| $\frac{A}{h}$ | | | $m$ |

## Aufgabenkarten

*ausschneiden, knicken, zusammenkleben, in den Aufgabenbehälter geben und schrittweise nach oben ziehen*

### 83. Aufgabe: $A = \frac{c \cdot h_c}{2}$ $h_c = ?$

Dog Matix: Gleichungen allgemeiner Form lösen - Step by Step

| Linke Seite | Schritt | Schritt | Rechte Seite |
|---|---|---|---|
| | $\cdot 2$ | $\cdot 2$ | |
| $A$ | | kürzen | $\frac{c \cdot h_c}{2}$ |
| $2 \cdot A$ | $: c$ | $: c$ | $\frac{2 \cdot c \cdot h_c}{2}$ |
| $2 \cdot A$ | | kürzen | $c \cdot h_c$ |
| $\frac{2 \cdot A}{c}$ | | | $\frac{c \cdot h_c}{c}$ |
| $\frac{2 \cdot A}{c}$ | | | $h_c$ |

### 84. Aufgabe: $A = \frac{b \cdot h_b}{2}$ $b = ?$

Dog Matix: Gleichungen allgemeiner Form lösen - Step by Step

| Linke Seite | Schritt | Schritt | Rechte Seite |
|---|---|---|---|
| | $\cdot 2$ | $\cdot 2$ | |
| $A$ | | kürzen | $\frac{b \cdot h_b}{2}$ |
| $2 \cdot A$ | $: h_b$ | $: h_b$ | $\frac{2 \cdot b \cdot h_b}{2}$ |
| $2 \cdot A$ | | kürzen | $b \cdot h_b$ |
| $\frac{2 \cdot A}{h_b}$ | | | $\frac{b \cdot h_b}{h_b}$ |
| $\frac{2 \cdot A}{h_b}$ | | | $b$ |

## Aufgabenkarten

*ausschneiden, knicken, zusammenkleben, in den Aufgabenbehälter geben und schrittweise nach oben ziehen*

### 85. Aufgabe: $\alpha + \beta + \gamma = 180°$ $\beta = ?$

Dog Matix:
Gleichungen allgemeiner Form lösen - Step by Step

| | | | |
|---|---|---|---|
| | $-\alpha$ | $-\alpha$ | |
| $\alpha + \beta + \gamma$ | zusammenfassen | | $180°$ |
| $\alpha - \alpha + \beta + \gamma$ | $-\gamma$ | $-\gamma$ | $180° - \alpha$ |
| $\beta + \gamma$ | zusammenfassen | | $180° - \alpha$ |
| $\beta + \gamma - \gamma$ | | | $180° - \alpha - \gamma$ |
| $\beta$ | | | $180° - \alpha - \gamma$ |

### 86. Aufgabe: $w = (n - 2) \cdot 180°$ $n = ?$

Dog Matix:
Gleichungen allgemeiner Form lösen - Step by Step

| | | | |
|---|---|---|---|
| | $:180°$ | $:180°$ | |
| $w$ | | kürzen | $(n - 2) \cdot 180°$ |
| $\frac{w}{180°}$ | $+2$ | $+2$ | $\frac{(n - 2) \cdot 180°}{180°}$ |
| $\frac{w}{180°}$ | | zusammenfassen | $n - 2$ |
| $\frac{w}{180°} + 2$ | | | $n - 2 + 2$ |
| $\frac{w}{180°} + 2$ | | | $n$ |

## Aufgabenkarten

*ausschneiden, knicken, zusammenkleben, in den Aufgabenbehälter geben und schrittweise nach oben ziehen*

**87. Aufgabe:** $M = 2 \cdot a \cdot h_s$ $h_s = ?$

Dog Matix:
Gleichungen allgemeiner Form lösen - Step by Step

| | | | |
|---|---|---|---|
| | : 2 | : 2 | |
| $M$ | | kürzen | $2 \cdot a \cdot h_s$ |
| $\frac{M}{2}$ | : a | : a | $\frac{2 \cdot a \cdot h_s}{2}$ |
| $\frac{M}{2}$ | | kürzen | $a \cdot h_s$ |
| $\frac{M}{2 \cdot a}$ | | | $\frac{a \cdot h_s}{a}$ |
| $\frac{M}{2 \cdot a}$ | | | $h_s$ |

**88. Aufgabe:** $O = 2G + M$ $G = ?$

Dog Matix:
Gleichungen allgemeiner Form lösen - Step by Step

| | | | |
|---|---|---|---|
| | – M | – M | |
| $O$ | | zusammenfassen | $2G + M$ |
| $O - M$ | : 2 | + 2 | $2G + M - M$ |
| $O - M$ | kürzen | : 2 | $2G$ |
| $\frac{O - M}{2}$ | | kürzen | $\frac{2G}{2}$ |
| $\frac{O - M}{2}$ | | | $G$ |

## Aufgabenkarten

*ausschneiden, knicken, zusammenkleben, in den Aufgabenbehälter geben und schrittweise nach oben ziehen*

**89. Aufgabe:** $V = \frac{1}{3} \cdot G \cdot h$ $h = ?$

Dog Matix: Gleichungen allgemeiner Form lösen - Step by Step

| Linke Seite | | | Rechte Seite |
|---|---|---|---|
| | $\cdot 3$ | $\cdot 3$ | |
| $V$ | | kürzen | $\frac{1}{3} \cdot G \cdot h$ |
| $3 \cdot V$ | $: G$ | $: G$ | $3 \cdot \frac{1}{3} \cdot G \cdot h$ |
| $3 \cdot V$ | | kürzen | $G \cdot h$ |
| $\frac{3 \cdot V}{G}$ | | | $\frac{G \cdot h}{G}$ |
| $\frac{3 \cdot V}{G}$ | | | $h$ |

**90. Aufgabe:** $b = r \cdot \pi \cdot \frac{\alpha}{180°}$ $\alpha = ?$

Dog Matix: Gleichungen allgemeiner Form lösen - Step by Step

| Linke Seite | | | Rechte Seite |
|---|---|---|---|
| | $\cdot 180°$ | $\cdot 180°$ | |
| $b$ | | kürzen | $r \cdot \pi \cdot \frac{\alpha}{180°}$ |
| $180° \cdot b$ | $: \pi$ | $: \pi$ | $r \cdot \pi \cdot \frac{\alpha \cdot 180°}{180°}$ |
| $180° \cdot b$ | | kürzen | $r \cdot \pi \cdot \alpha$ |
| $\frac{180° \cdot b}{\pi}$ | $: r$ | $: r$ | $\frac{r \cdot \pi \cdot \alpha}{\pi}$ |
| $\frac{180° \cdot b}{\pi}$ | | kürzen | $r \cdot \alpha$ |
| $\frac{180° \cdot b}{\pi \cdot r}$ | | | $\frac{r \cdot \alpha}{r}$ |
| $\frac{180° \cdot b}{\pi \cdot r}$ | | | $r$ |

**Aufgabenkarten**

*ausschneiden, knicken, zusammenkleben, in den Aufgabenbehälter geben und schrittweise nach oben ziehen*

**91. Aufgabe:** $W = \frac{G \cdot p}{100}$ $p = ?$

Dog Matix:
Gleichungen allgemeiner Form lösen - Step by Step

| | | | |
|---|---|---|---|
| | $\cdot 100$ | $\cdot 100$ | |
| $W$ | | kürzen | $\frac{G \cdot p}{100}$ |
| $W \cdot 100$ | $: G$ | $: G$ | $\frac{G \cdot p \cdot 100}{100}$ |
| $W \cdot 100$ | | kürzen | $G \cdot p$ |
| $\frac{W \cdot 100}{G}$ | | | $\frac{G \cdot p}{G}$ |
| $\frac{W \cdot 100}{G}$ | | | $p$ |

**92. Aufgabe:** $Z = \frac{K \cdot p}{100}$ $K = ?$

Dog Matix:
Gleichungen allgemeiner Form lösen - Step by Step

| | | | |
|---|---|---|---|
| | $\cdot 100$ | $\cdot 100$ | |
| $Z$ | | kürzen | $\frac{K \cdot p}{100}$ |
| $Z \cdot 100$ | $: p$ | $: p$ | $\frac{K \cdot p \cdot 100}{100}$ |
| $Z \cdot 100$ | | kürzen | $K \cdot p$ |
| $\frac{Z \cdot 100}{p}$ | | | $\frac{K \cdot p}{p}$ |
| $\frac{Z \cdot 100}{p}$ | | | $K$ |

## Aufgabenkarten

*ausschneiden, knicken, zusammenkleben, in den Aufgabenbehälter geben und schrittweise nach oben ziehen*

### 93. Aufgabe: $u = 2(a + b)$ $b = ?$

Dog Matix: Gleichungen allgemeiner Form lösen - Step by Step

| | | | |
|---|---|---|---|
| | | Klammer auflösen | |
| $u$ | $-2a$ | $-2a$ | $2(a + b)$ |
| $u$ | | zusammenfassen | $2a + 2b$ |
| $u - 2a$ | $:2$ | $:2$ | $2a - 2a + 2b$ |
| $u - 2a$ | | kürzen | $2b$ |
| $(u - 2a) : 2$ | vereinfachen | | $2b : 2$ |
| $\frac{u - 2a}{2}$ | | | $b$ |
| $\frac{u}{2} - a$ | | | $b$ |

### 94. Aufgabe: $u = 2(a + b)$ $a = ?$

Dog Matix: Gleichungen allgemeiner Form lösen - Step by Step

| | | | |
|---|---|---|---|
| | | Klammer auflösen | |
| $u$ | $-2b$ | $-2b$ | $2(a + b)$ |
| $u$ | | zusammenfassen | $2a + 2b$ |
| $u - 2b$ | $:2$ | $:2$ | $2a + 2b - 2b$ |
| $u - 2b$ | | kürzen | $2a$ |
| $(u - 2b) : 2$ | vereinfachen | | $2a : 2$ |
| $\frac{u - 2b}{2}$ | | | $a$ |
| $\frac{u}{2} - b$ | | | $a$ |

## Aufgabenkarten

*ausschneiden, knicken, zusammenkleben, in den Aufgabenbehälter geben und schrittweise nach oben ziehen*

**95. Aufgabe:** $A = \frac{(a + c) \cdot h}{2}$ $h = ?$

Dog Matix:
Gleichungen allgemeiner Form lösen - Step by Step

| | | | |
|---|---|---|---|
| | $\cdot 2$ | $\cdot 2$ | |
| $A$ | | kürzen | $\frac{(a + c) \cdot h}{2}$ |
| $2 \cdot A$ | $: (a + c)$ | $: (a + c)$ | $\frac{(a + c) \cdot h \cdot 2}{2}$ |
| $2 \cdot A$ | | kürzen | $(a + c) \cdot h$ |
| $\frac{2 \cdot A}{a + c}$ | | | $\frac{(a + c) \cdot h}{a + c}$ |
| $\frac{2 \cdot A}{a + c}$ | | | $h$ |

**96. Aufgabe:** $A = \frac{(a + c) \cdot h}{2}$ $a = ?$

Dog Matix:
Gleichungen allgemeiner Form lösen - Step by Step

| | | | |
|---|---|---|---|
| | $\cdot 2$ | $\cdot 2$ | |
| $A$ | | kürzen | $\frac{(a + c) \cdot h}{2}$ |
| $2 \cdot A$ | $: h$ | $: h$ | $\frac{(a + c) \cdot h \cdot 2}{2}$ |
| $2 \cdot A$ | | kürzen | $(a + c) \cdot h$ |
| $\frac{2 \cdot A}{h}$ | $- c$ | $- c$ | $\frac{(a + c) \cdot h}{h}$ |
| $\frac{2 \cdot A}{h}$ | | | $a + c$ |
| $\frac{2 \cdot A}{h} - c$ | | | $a + c - c$ |
| $\frac{2 \cdot A}{h} - c$ | | | $a$ |

## Aufgabenkarten

*ausschneiden, knicken, zusammenkleben, in den Aufgabenbehälter geben und schrittweise nach oben ziehen*

**97. Aufgabe:** $O = 2ab + 2ac + 2bc$  $a = ?$

Dog Matix: Gleichungen allgemeiner Form lösen - Step by Step

| | | | |
|---|---|---|---|
| | −2bc | −2bc | |
| O | | zu-sammen-fassen | 2ab + 2ac + 2bc |
| O − 2bc | | a aus-klammern | 2ab+2ac+2bc−2bc |
| O − 2bc | :(2b+2c) | :(2b+2c) | 2ab + 2ac |
| O − 2bc | | kürzen | a(2b + 2c) |
| $\frac{O - 2bc}{2b + 2c}$ | | | $\frac{a(2b + 2c)}{2b + 2c}$ |
| $\frac{O - 2bc}{2b + 2c}$ | | | a |

**98. Aufgabe:** $O = 2ab + 2ac + 2bc$  $c = ?$

Dog Matix: Gleichungen allgemeiner Form lösen - Step by Step

| | | | |
|---|---|---|---|
| | −2ab | −2ab | |
| O | | zu-sammen-fassen | 2ab + 2ac + 2bc |
| O − 2ab | | c aus-klammern | 2ab+2ac+2bc−2ab |
| O − 2ab | :(2a+2b) | :(2a+2b) | 2ac + 2bc |
| O − 2ab | | kürzen | 2ac + 2bc |
| $\frac{O - 2ab}{2a + 2b}$ | | | $\frac{c(2a + 2b)}{2a + 2b}$ |
| $\frac{O - 2ab}{2a + 2b}$ | | | c |

**Aufgabenkarten**

*ausschneiden, knicken, zusammenkleben, in den Aufgabenbehälter geben und schrittweise nach oben ziehen*

**99. Aufgabe:** $A_M = \pi s(r_1 + r_2)$ $r_2 = ?$

Dog Matix:
Gleichungen allgemeiner Form lösen - Step by Step

|  | | |  |
|---|---|---|---|
| | $:\pi s$ | $:\pi s$ | |
| $A_M$ | | kürzen | $\pi s(r_1 + r_2)$ |
| $\frac{A_M}{\pi s}$ | $-r_1$ | $-r_1$ | $\frac{\pi s(r_1 + r_2)}{\pi s}$ |
| $\frac{A_M}{\pi s}$ | | zusammenfassen | $r_1 + r_2$ |
| $\frac{A_M}{\pi s} - r_1$ | | | $r_1 + r_2 - r_1$ |
| $\frac{A_M}{\pi s} - r_1$ | | | $r_2$ |

**100. Aufgabe:** $A_O = \pi(2rh + \rho^2)$ $\rho = ?$

Dog Matix:
Gleichungen allgemeiner Form lösen - Step by Step

|  | | |  |
|---|---|---|---|
| | $:\pi$ | $:\pi$ | |
| $A_O$ | | kürzen | $\pi(2rh + \rho^2)$ |
| $\frac{A_O}{\pi}$ | $-2rh$ | $-2rh$ | $\frac{\pi(2rh + \rho^2)}{\pi}$ |
| $\frac{A_O}{\pi}$ | | zusammenfassen | $2rh + \rho^2$ |
| $\frac{A_O}{\pi} - 2rh$ | Wurzelziehen | Wurzelziehen | $2rh - 2rh + \rho^2$ |
| $\frac{A_O}{\pi} - 2rh$ | | vereinfachen | $\rho^2$ |
| $\sqrt{\frac{A_O}{\pi} - 2rh}$ | | | $\sqrt{\rho^2}$ |
| $\sqrt{\frac{A_O}{\pi} - 2rh}$ | | | $\rho$ |

# Dog Matix: Gleichungen lösen - Step by Step

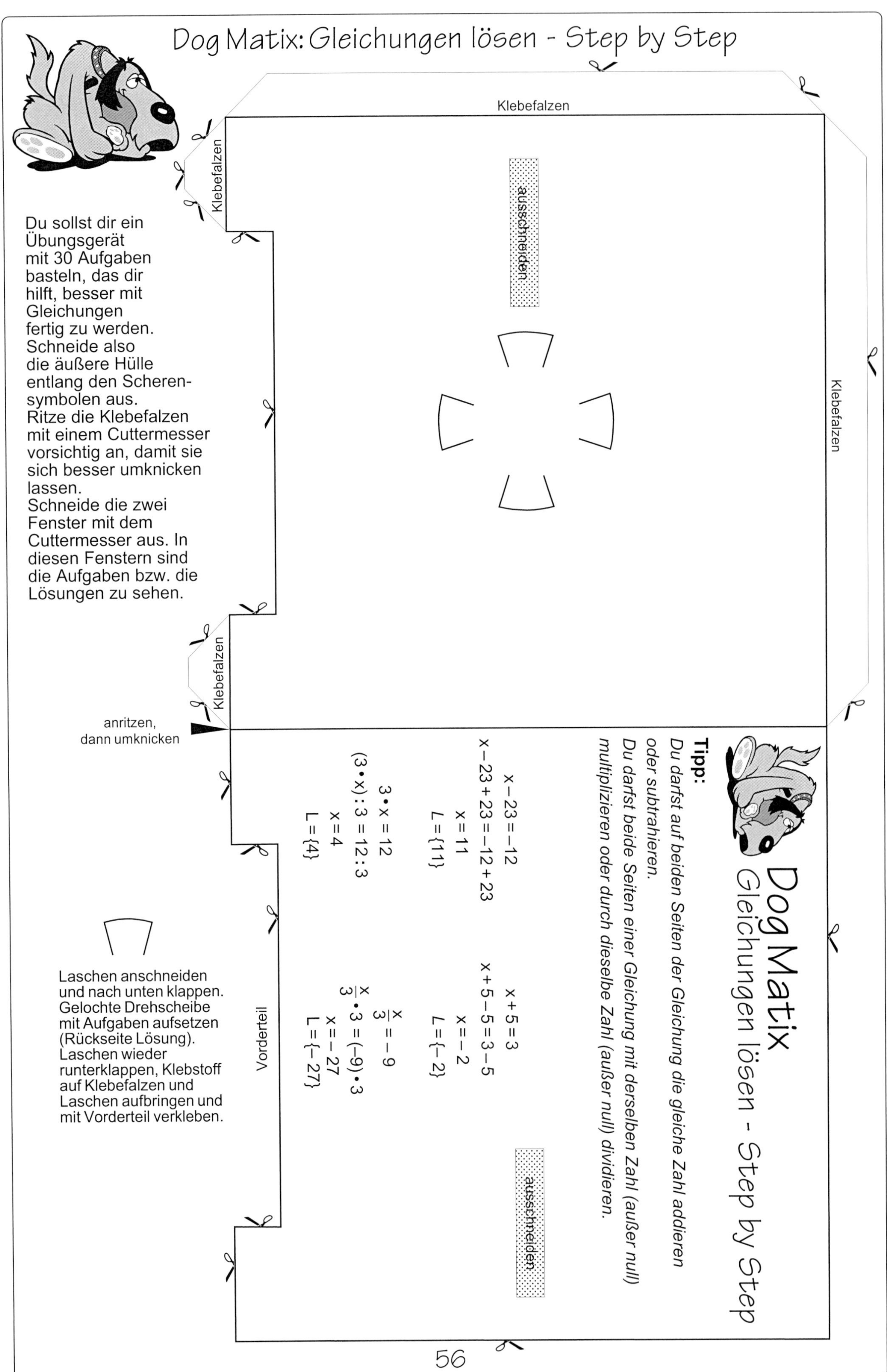

# Dog Matix: Gleichungen lösen - Step by Step

$x : (-6) = -23$

$18 \cdot x = 126$

$3 \cdot x = 24$

$x : 7 = 18$

$6 \cdot x = -42$

$0{,}5 \cdot x = 12$

$3 \cdot x = -6$

$x : (-2{,}5) = 20$

$x + 33{,}5 = -12{,}3$

$-8 \cdot x = -24$

$5 \cdot x = -115$

$-17 + x = 24$

$x - 6 = 73$

$x : 6 = -12$

$x - 18 = -22$

$x + 73 = -12$

$x : 5 = 15$

$33 + x = 89$

$2 \cdot x = 34$

$9 \cdot x = 27$

$x : 7 = 2$

$x : 5 = 53$

$0{,}1 \cdot x = 2{,}3$

$x : (-45) = 9$

$36 = -1{,}8 \cdot x$

$x : (-63) = -5$

$13 \cdot x = -39$

$x - 231 = -259$

$7 \cdot x = -14$

$(-6) \cdot x = 36$

ausstanzen bzw. ausschneiden

Scheiben ausschneiden, aber nicht zerschneiden, da sonst die Deckungsgleichheit nicht gewährleistet ist, umklappen und zusammenkleben

$L = \{3\}$

$L = \{17\}$

$L = \{56\}$

$L = \{75\}$

$L = \{-85\}$

$L = \{-4\}$

$L = \{-72\}$

$L = \{79\}$

$L = \{41\}$

$L = \{-23\}$

$L = \{3\}$

$L = \{-45{,}8\}$

$L = \{-50\}$

$L = \{-2\}$

$L = \{24\}$

$L = \{-7\}$

$L = \{126\}$

$L = \{8\}$

$L = \{7\}$

$L = \{138\}$

$L = \{-6\}$

$L = \{-2\}$

$L = \{-28\}$

$L = \{-3\}$

$L = \{315\}$

$L = \{-20\}$

$L = \{-405\}$

$L = \{23\}$

$L = \{265\}$

$L = \{14\}$

ausstanzen bzw. ausschneiden

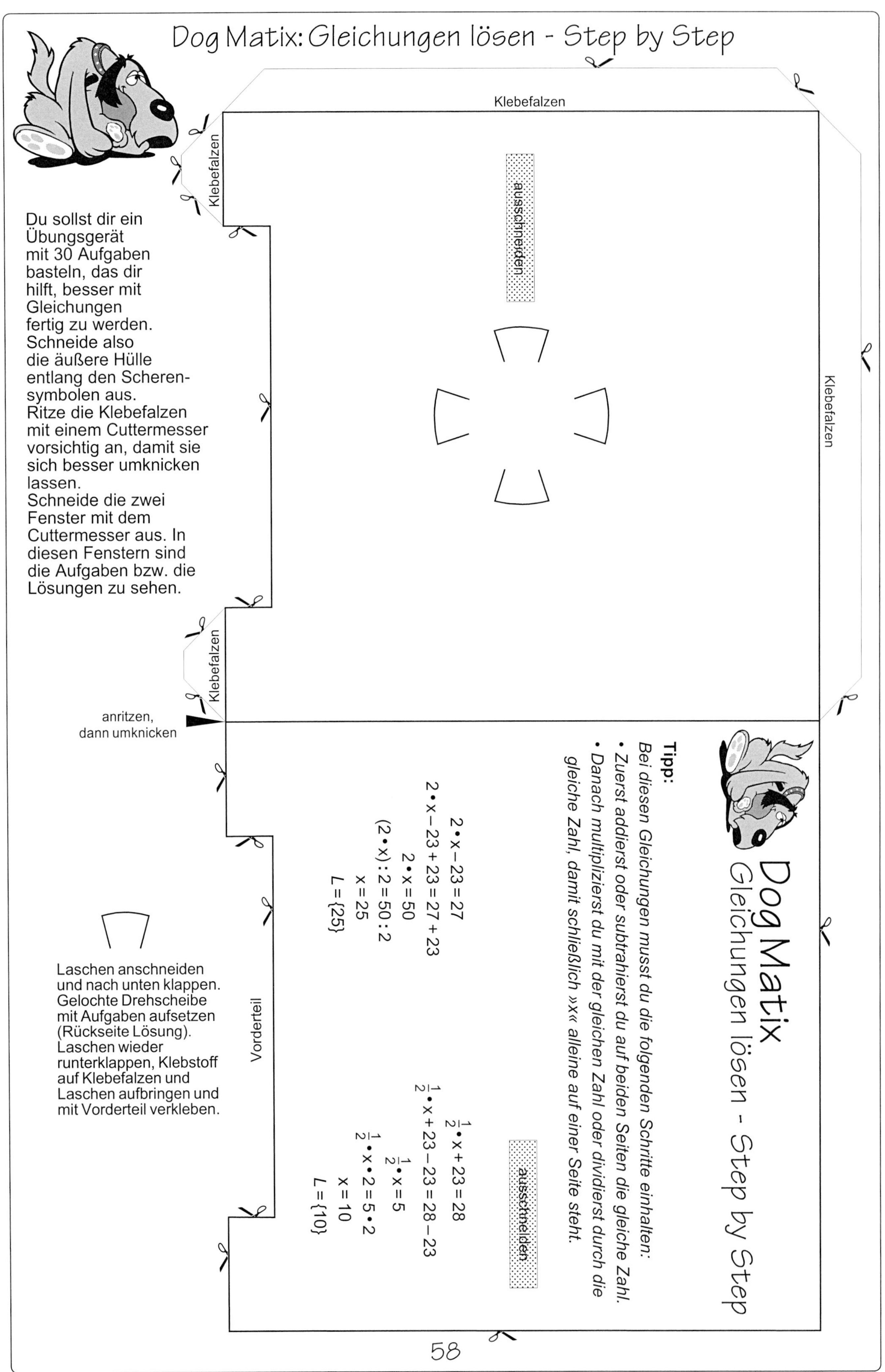
Dog Matix: Gleichungen lösen - Step by Step
Klebefalzen
Klebefalzen
Klebefalzen
Klebefalzen
ausschneiden
Du sollst dir ein Übungsgerät mit 30 Aufgaben basteln, das dir hilft, besser mit Gleichungen fertig zu werden. Schneide also die äußere Hülle entlang den Scherensymbolen aus.
Ritze die Klebefalzen mit einem Cuttermesser vorsichtig an, damit sie sich besser umknicken lassen.
Schneide die zwei Fenster mit dem Cuttermesser aus. In diesen Fenstern sind die Aufgaben bzw. die Lösungen zu sehen.
anritzen, dann umknicken
Dog Matix
Gleichungen lösen - Step by Step
Tipp:
Bei diesen Gleichungen musst du die folgenden Schritte einhalten:
• Zuerst addierst oder subtrahierst du auf beiden Seiten die gleiche Zahl.
• Danach multiplizierst du mit der gleichen Zahl oder dividierst durch die gleiche Zahl, damit schließlich »x« alleine auf einer Seite steht.
2 • x − 23 = 27
2 • x − 23 + 23 = 27 + 23
2 • x = 50
(2 • x) : 2 = 50 : 2
x = 25
L = {25}
1/2 • x + 23 = 28
1/2 • x + 23 − 23 = 28 − 23
1/2 • x = 5
1/2 • x • 2 = 5 • 2
x = 10
L = {10}
ausschneiden
Laschen anschneiden und nach unten klappen. Gelochte Drehscheibe mit Aufgaben aufsetzen (Rückseite Lösung). Laschen wieder runterklappen, Klebstoff auf Klebefalzen und Laschen aufbringen und mit Vorderteil verkleben.
Vorderteil

# Dog Matix: Gleichungen lösen - Step by Step

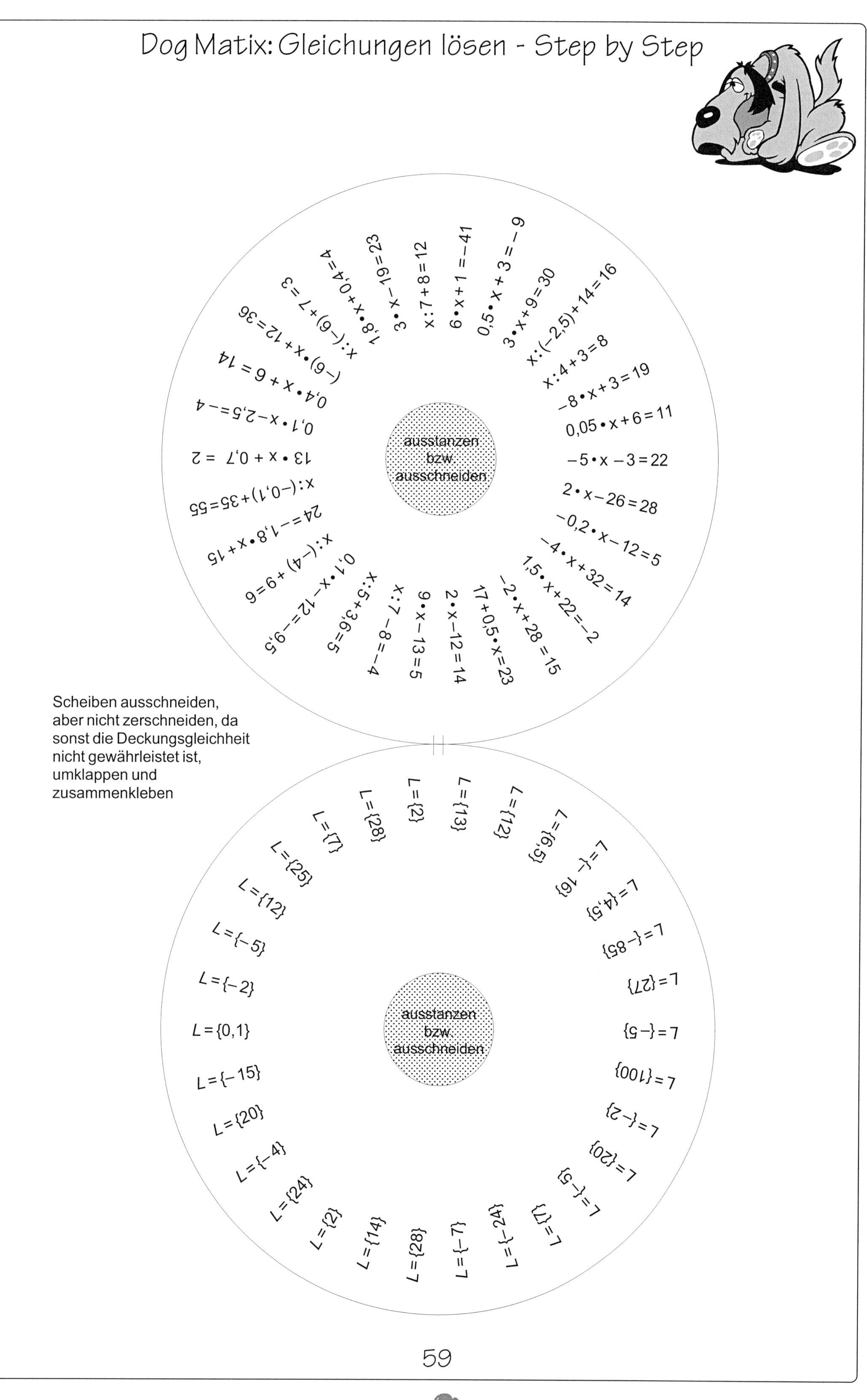


Scheiben ausschneiden, aber nicht zerschneiden, da sonst die Deckungsgleichheit nicht gewährleistet ist, umklappen und zusammenkleben

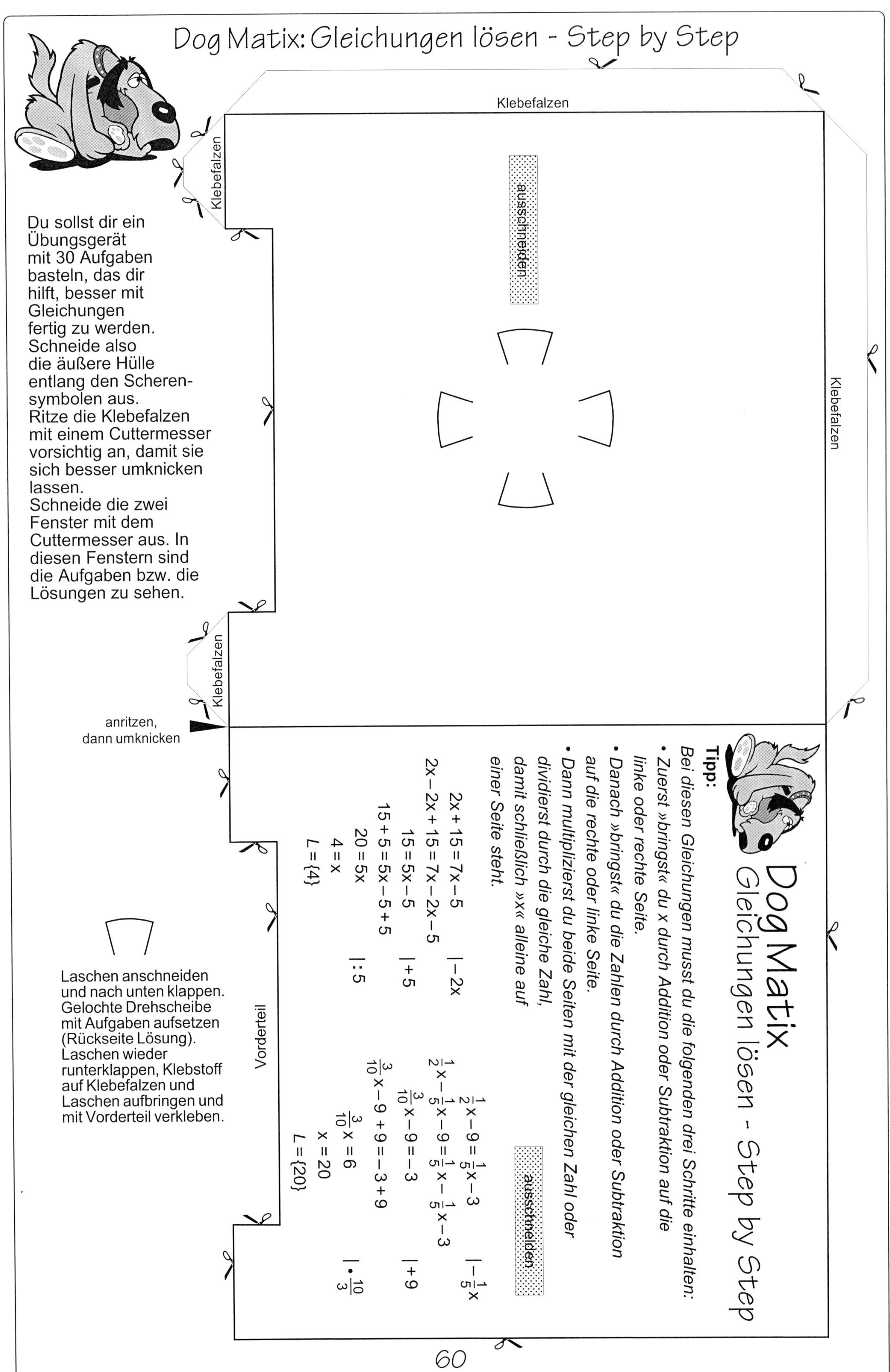
Dog Matix: Gleichungen lösen - Step by Step
Klebefalzen
Klebefalzen
ausschneiden
Klebefalzen
Du sollst dir ein Übungsgerät mit 30 Aufgaben basteln, das dir hilft, besser mit Gleichungen fertig zu werden. Schneide also die äußere Hülle entlang den Scherensymbolen aus. Ritze die Klebefalzen mit einem Cuttermesser vorsichtig an, damit sie sich besser umknicken lassen. Schneide die zwei Fenster mit dem Cuttermesser aus. In diesen Fenstern sind die Aufgaben bzw. die Lösungen zu sehen.
Klebefalzen
anritzen, dann umknicken
Dog Matix
Gleichungen lösen - Step by Step
Tipp:
Bei diesen Gleichungen musst du die folgenden drei Schritte einhalten:
• Zuerst »bringst« du x durch Addition oder Subtraktion auf die linke oder rechte Seite.
• Danach »bringst« du die Zahlen durch Addition oder Subtraktion auf die rechte oder linke Seite.
• Dann multiplizierst du beide Seiten mit der gleichen Zahl oder dividierst durch die gleiche Zahl, damit schließlich »x« alleine auf einer Seite steht.
$2x+15=7x-5 \quad |-2x$
$2x-2x+15=7x-2x-5$
$15=5x-5 \quad |+5$
$15+5=5x-5+5$
$20=5x \quad |:5$
$4=x$
$L=\{4\}$
$\frac{1}{2}x-9=\frac{1}{5}x-3 \quad |-\frac{1}{5}x$
$\frac{1}{2}x-\frac{1}{5}x-9=\frac{1}{5}x-\frac{1}{5}x-3$
$\frac{3}{10}x-9=-3 \quad |+9$
$\frac{3}{10}x-9+9=-3+9$
$\frac{3}{10}x=6 \quad |\cdot\frac{10}{3}$
$x=20$
$L=\{20\}$
ausschneiden
Vorderteil
Laschen anschneiden und nach unten klappen. Gelochte Drehscheibe mit Aufgaben aufsetzen (Rückseite Lösung). Laschen wieder runterklappen, Klebstoff auf Klebefalzen und Laschen aufbringen und mit Vorderteil verkleben.

# Dog Matix: Gleichungen lösen - Step by Step

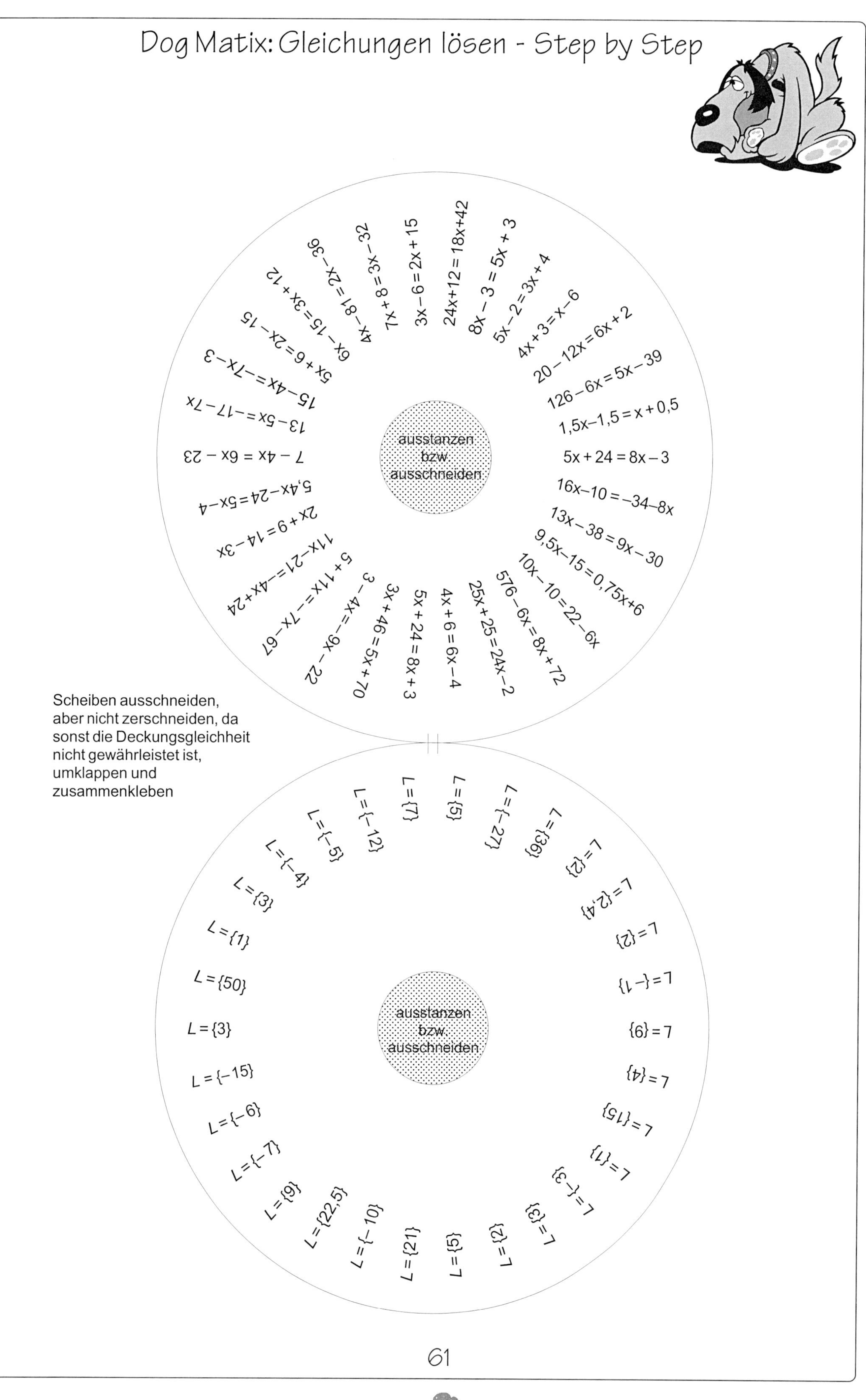


Scheiben ausschneiden, aber nicht zerschneiden, da sonst die Deckungsgleichheit nicht gewährleistet ist, umklappen und zusammenkleben

# Dog Matix: Gleichungen lösen - Step by Step

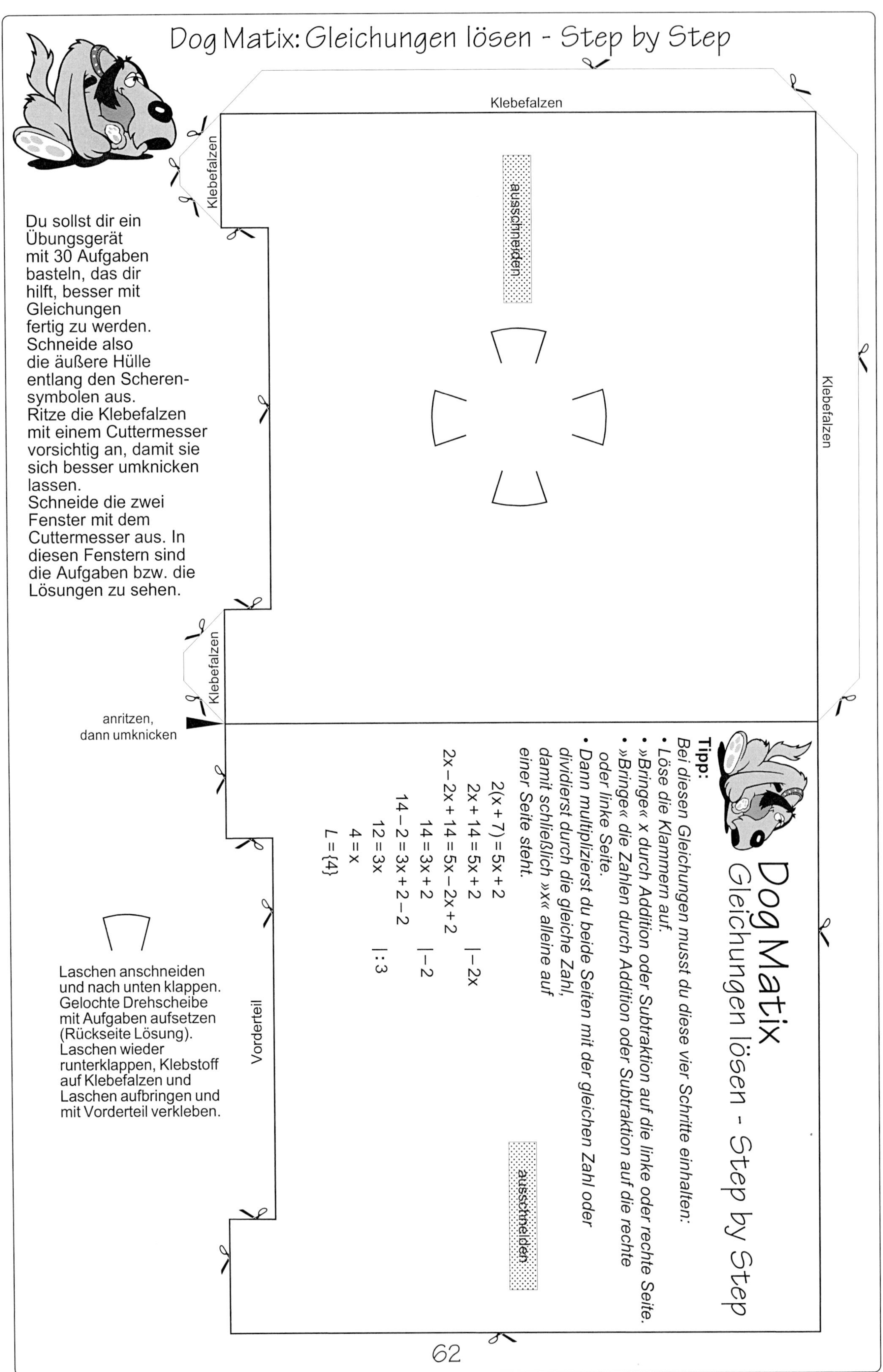

# Dog Matix: Gleichungen lösen - Step by Step

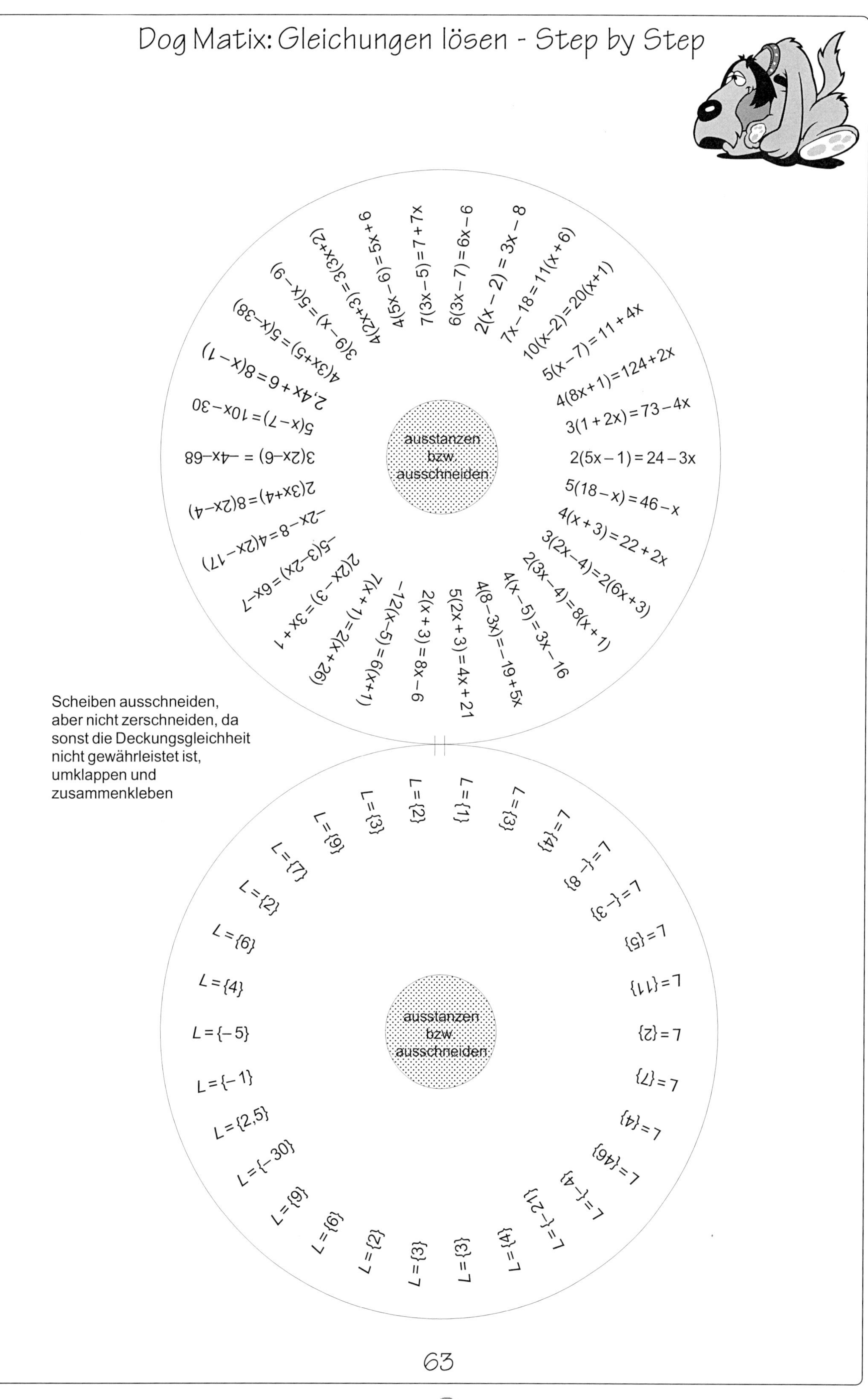


Scheiben ausschneiden, aber nicht zerschneiden, da sonst die Deckungsgleichheit nicht gewährleistet ist, umklappen und zusammenkleben

# Dog Matix: Gleichungen lösen - Step by Step

**Leerschema Aufgabenkarten**

*ausschneiden, knicken, zusammenkleben, in den Aufgabenbehälter geben und schrittweise nach oben ziehen*

Dog Matix:
Gleichungen lösen - Step by Step

Dog Matix:
Gleichungen lösen - Step by Step